U0155935

— 让少年看懂世界的第一套科普书 —

从一∞到无穷大

宏观世界

[美] 乔治·伽莫夫 著

陈炳丞 刘潇潇 译

中国妇女出版社

图书在版编目（CIP）数据

从一到无穷大．宏观世界 ／（美）乔治·伽莫夫
（George Gamow）著；陈炳丞，刘潇潇译．––北京：中
国妇女出版社，2020.3
（让少年看懂世界的第一套科普书）
书名原文：One，two，three—infinity
ISBN 978-7-5127-1796-1

Ⅰ.①从… Ⅱ.①乔…②陈…③刘… Ⅲ.①自然科
学－青少年读物 Ⅳ.①N49

中国版本图书馆CIP数据核字（2019）第249566号

从一到无穷大——宏观世界

作 者：[美]乔治·伽莫夫 著 陈炳丞 刘潇潇 译
责任编辑：应 莹 张 于
封面设计：尚世视觉
责任印制：王卫东
出版发行：中国妇女出版社
地 址：北京市东城区史家胡同甲24号 邮政编码：100010
电 话：（010）65133160（发行部） 65133161（邮购）
网 址：www.womenbooks.cn
法律顾问：北京市道可特律师事务所
经 销：各地新华书店
印 刷：北京通州皇家印刷厂
开 本：170×240 1/16
印 张：9.75
字 数：80千字
版 次：2020年3月第1版
印 次：2020年3月第1次
书 号：ISBN 978-7-5127-1796-1
定 价：28.00元

编者的话

　　科技兴则民族兴，科技强则国家强。2018年5月28日，习近平总书记在两院院士大会上指出："我们比历史上任何时期都更接近中华民族伟大复兴的目标，我们比历史上任何时期都更需要建设世界科技强国！"这一号召强调了建设科技强国的奋斗目标，为鼓励青少年不断探索世界科技前沿，提高创新能力指明了方向。

　　"让少年看懂世界的第一套科普书"是一套适合新时代青少年阅读的优秀科普读物。作者乔治·伽莫夫是享誉世界的核物理学家、天文学家，他一生致力于科学知识的普及工作，并于1956年荣获联合国教科文组织颁发的卡林加科普奖。本套丛书选取的是伽莫夫的代表作品《物理世界奇遇记》《从一到无穷大》。这两部作品内容涵盖广泛，包括物理学、数学、天文学等方方面面。伽莫夫通过对一个个奇幻故事的科学分析，将深奥的科学知识与生活场景巧妙地结合起来，让艰涩的科学原理变得简单易懂。出版近八十年来，这两部作品对科普界产生了巨大的影响，爱因斯坦曾评价他的书"深受启发""受益良多"。直至今日，《物理世界奇遇记》《从一到无穷大》依然是众多科学家、学者的科学启蒙书。因此，我们希望通过这套丛书的出版，让青少年站在科学巨匠的肩膀上，学习前沿科学知识，提升科学素养。

本套丛书知识密度较高，囊括大量科学原理和概念，考虑到青少年的阅读习惯和阅读特点，我们在编辑过程中将《从一到无穷大》《物理世界奇遇记》的内容进行了梳理调整和分册设计。在保留原书原汁原味内容的基础上，推出《从一到无穷大——数字时空与爱因斯坦》《从一到无穷大——微观宇宙》《从一到无穷大——宏观世界》《物理世界奇遇记》四分册，根据内容重新绘制了知识场景插图，补充了阅读难点、知识点注释。除此之外，我们对每册书中涉及的主要人物和主要理论在文前进行介绍，为孩子搭建"阅读脚手架"，让孩子以此为"抓手"在系统阅读中领悟自然科学的基本成就和前沿进展，帮助孩子拓展知识，培养科学思维，建立科学自信，拥有完善的科学体系。

由于写作年代的限制，当时科学还没有发展到现在的地步，本丛书的内容会存在一定的局限性和不严谨的问题，比如，书中的"大爆炸"理论至今在学界还存在着较大争议，并不是一个定论，对于这部分内容的阅读，小读者需保持客观态度；有些地方有旧制单位混用和质量、重量等物理量混用的现象。我们在保证原书内容完整的基础上，做了必要的处理。

我们尽了最大的努力进行编写，但难免有不足的地方，还请读者提出宝贵的意见和建议，以帮助我们更好地完善。

第一版作者前言

原子、恒星和星云是如何构成的？什么是熵和基因？空间是否能够发生弯曲？火箭在飞行时变短的原因又是什么？这些问题正是我们要在这本书中进行讨论的，除此之外，这本书中还有很多有意思的事物等着我们去发现。

我之所以要写这本书，是想把现代科学中最有价值的事实和理论都收集起来，按照宇宙在现代科学家脑海里呈现的模样，从微观和宏观两个方面为读者描绘一幅关于宇宙的全景图。在推进这项计划时，我并不想面面俱到地把各种问题都解释清楚，因为这样做一定会把这本书变成一部百科全书。但是，我还是会努力将讨论的各种问题在整个基本的科学知识领域内进行覆盖，尽力不留下死角。

我在选择写进书中的问题时，是按照这个问题是否重要有趣，而不是是否简单来选择的，因此会出现一些问题简单、一些问题复杂的情况。书中有的章节非常简单易懂；有的章节很复杂，需要多思考、集中精力才能明白。但我还是希望那些还没有进入科学大门的读者也能较为轻松地读懂这本书。

大家会发现，本书的"宏观世界"部分的篇幅要远远短于"微观宇宙"，这是因为宏观世界中的诸多问题已经在我的另两部作品《太阳的生和死》《地球自传》中详细地讨论过了。因此为了避免重复太多使读者感到厌烦，在这本书中就不赘述了。在"宏观世界"这一部分中，我只会简单地提一下行星、恒星和星云世界中的各种物理事实，以及它们运行的物理规律。只有对那些在最近的三五年中，因科学的发展而取得新成果的问题，才进行更详细地论述。根据这个想法，我特别重视以下两个方面的新进展：一是最近提出的观点，巨大的恒星爆发（也就是超新星）是由物理学中目前知道的最小的粒子（中微子）引起的；二是新的行星系形成的理论，这个理论不再是过去科学家普遍认为的行星是由太阳和某个恒星撞击而诞生的，而是重新确立了康德和拉普拉斯的那个快要被人忘却的旧观点——各行星是由太阳创造的。

我需要感谢那些用拓扑学变形法作画的画家和插画师，他们的作品让我受到了很大的启迪，变成这本书插图的基础。我还要提一下我的朋友玛丽娜·冯·诺依曼，她曾经非常自信地说，在很多问题上她比她杰出的父亲更明白。当然，在数学问题上，她只能和她的父亲不相上下。她在阅读这本书原稿中的一些章节后，对我说书中的一些内容对她也有启发。我原本是想把这本书写给我刚满12岁、只想当个牛仔的儿子伊戈尔，以及和他差不多大的孩子看的，但听了玛丽娜的话后，我反复考虑决定不局限读者对象，而最终写成现在这个样子。因此，我要尤其感谢她。

乔治·伽莫夫

1946年12月1日

1961年版作者前言

几乎所有的科学著作在出版几年之后就会跟不上时代的步伐，特别是那些正在迅速发展的科学分支学科的作品。这样说来，我的这部《从一到无穷大》是在13年前出版的，至今还可以一读，很是幸运。这本书是在科学有了重大进展后出版的，并且当时的进展都被收录在书中，所以再版时只需要进行一些适当的修改和补充，它还是一本不过时的书。

近年来，科学上的一个重大进展是可以通过氢弹中的热核反应释放出大量的原子核能，并且正在缓慢地稳步前进，最终达到通过受控热核过程对核能进行和平利用的目标。由于在本书的第一版第十一章中已经讲过热核反应的原理和它在天体物理学中的应用，因此本次修订仅在第七章末尾补充了一些新的资料，来讲述科学家要达到这一目标的过程。

书中还有一些变动是由于利用加利福尼亚州帕洛玛山上的口

径为200英寸海尔望远镜而得到了一些新的数据，因此把宇宙的年龄进行了修改，从二三十亿年延长至五十亿年以上，同时对天文距离的尺度也进行了修正。

生物化学的研究也有新的进展，因而我重新绘制了图101，并把图示也进行了修改；在第九章结尾处补充了一些和合成简单的生命有机体有关的新资料。在第一版中，我曾这样写道："没错，在活性物质与非活性物质之间，一定有一个过渡。如果某一天——也可能就在不远的未来，一位杰出的生物化学家通过使用普通的化学元素制造出一个病毒分子，那么他完全可以向世界宣称：'我刚才给一个没有生命的物质加入了生命的气息！'"事实上，几年前的加利福尼亚州已经实现了这一课题，读者可以在第九章结尾处看到关于它的介绍。

还有一个变动是：我曾在本书的第一版中提到我的儿子伊戈尔想要当个牛仔，之后我就收到了很多读者来信询问他是否真的变成了牛仔。我想说：没有！他现在正在上大学，学习生物学专业，明年夏天毕业，并且在毕业后希望能在遗传学方面进行研究工作。

乔治·伽莫夫

1960年11月于科罗拉多大学

主要人物
DOMINATING FIGURE

亚里士多德

（前384～前322）

古希腊哲学家。他18岁时进入柏拉图学园求学，公元前335年，在雅典创办了吕克昂学园。他是柏拉图的学生，亚历山大大帝的老师。在哲学上，他提出了潜能与实现说，解释了世界的运动性和变化性。在天文学上，他认为地球是球形的，是宇宙的中心；地球上的物质由水、气、火、土四种元素组成，天体由以太组成。除此之外，他在伦理学、形而上学、政治学等诸多学科都做出了贡献。

哥白尼

（1473～1543）

波兰天文学家，日心说的创立者，近代天文学的奠基人。他的最大成就是提出了日心说，从而否定了统治西方1000多年的地心说，更正了人们的宇宙观。日心说的提出是天文学上的一次伟大的革命。

布封

(1707～1788)

法国博物学家、作家、进化思想的先驱者。他曾经是法国皇家植物园的园长，用毕生精力经营花园，并花40年的时间写出了36卷《自然史》。他认为生物的种是可变的，竭力倡导生物转变论，并提出"生物的变异基于环境的影响"原理。

康德

(1724～1804)

德国哲学家、德国古典唯心主义的创始人。他的思想分为"前批判时期"与"批判时期"。前批判时期，他以自然科学的研究为主，并进行哲学探究，星云假说就是在这一时期提出来的。批判时期，他"批判"地研究人的认识能力及其范围与限度，创作了《纯粹理性批判》《实践理性批判》《判断力批判》三部著作。

赫歇尔

(1738~1822)

英国天文学家，恒星天文学创始人。他用自己设计的大型反射望远镜发现了天王星及其两颗卫星和土星的两颗卫星，也发现了太阳的空间运动。他对银河系的结构进行了研究，证实了银河系是扁平圆盘状的假设，并对星团和星云进行系统观测，出版了星团和星云表。

麦克斯韦

(1831~1879)

英国物理学家，经典电磁理论的奠基人。他在法拉第工作的基础上，对19世纪中叶以前的电磁现象的研究成果进行总结，引入"位移电流"的概念，建立电磁场的基本方程，写成了《电学和磁学论》这本著作。同时，他在热力学、光学、分子物理学等方面也取得了一定的成就。

哈勃

(1889~1953)

美国天文学家。他发现了大多数星系谱线红移与距离的线性关系，建立了哈勃定律，该定律被认为是宇宙膨胀的有力证据。同时，他也是星系天文学的创始人和观测宇宙学的开拓者，发表了对河外星系形态的分类法。他的著作有《星云世界》和《用观测手段探索宇宙学问题》等。

巴德

(1893~1960)

德国天文学家。他提出了两类星族的概念，正确区分了两类造父变星，并对宇宙距离的尺度做出了重要的修正，把宇宙的年龄从二三十亿年延长至五十亿年以上，解决了地球年龄比宇宙年龄还要大的疑难问题。他曾工作于威尔逊山天文台和帕洛玛天文台。

主要理论
DOMINATING THEORY

宇宙学

宇宙学也叫"宇宙论"，是现代物理学的分支，主要研究的是观测可以看到的宇宙范围内的物质分布和运动，宇宙的结构、起源和演化，以及宇宙空间的结合特性的学科。现代宇宙学是建立在物理学定律的基础上，通过实验和数学的方式来研究宇宙。

提丢斯—波得定则

提丢斯—波得定则简称"波得定律"，描述的是将行星到太阳的距离与一个简单数字序列联系起来的准确关系。1766年，德国的一位中学教师戴维·提丢斯发现了这个几何学规则，后来被柏林天文台的台长波得归纳出来。这个定则并不适用于所有行星系统。有的系外行星系统的确也遵循类似于提丢斯—波得定则的分布模式，但更多的行星围绕恒星公转的轨道五花八门、毫无规律可言。

超新星爆发

超新星爆发是恒星在演化接近结束时经历的一种剧烈爆炸。这种爆炸极其明亮，光度会增加到原来的1000万倍以上，过程中所突发的电磁辐射经常能够照亮其所在的整个星系，并可持续几周至几个月才会逐渐衰减变为不可见。中国史书中就有关于超新星爆发的详细记载，最著名的是宋至和元年（1054年）在金牛座发现的超新星，蟹状星云就是它爆发的遗迹。

多普勒效应

多普勒效应是由奥地利物理学家多普勒首先发现的，因此用他的名字命名这个效应。主要内容是波在波源移向观察者时接收频率变高，而在波源远离观察者时接收频率变低。天文学上，用天体发出的光谱中的谱线移动（即频率变更）可以准确测定天体的视向速度。

红移

在物理学和天文学领域，红移指的是物体的电磁辐射由于某种原因波长增加的现象。在可见光波段，红移表现为光谱的谱线向波长较长的红端移动一段距离，也就是波长变长，频率降低。目前把红移的现象多用在天体的移动和规律的预测上。

康德星云说

康德星云说是一种太阳系演化假说，是由德国哲学家康德在1755年提出来的。他认为形成太阳系的物质微粒在万有引力的作用下，在空间中由分散聚集成团块，较大的团块能够成为引力中心。大量的微粒和小团块逐渐被中心体吸引过来，最后形成太阳。有些微粒在向中心体前进的过程中因相互碰撞，偏转方向绕中心体运动，这些微粒各自形成小的引力中心，最终形成行星。行星周围的微粒按照同样的过程形成卫星。

目录
CONTENTS

1
CHAPTER 1
地球与邻居　001

2
CHAPTER 2
璀璨银河　021

3
CHAPTER 3
走向未知边界　045

 不断开阔的视野

4

CHAPTER 4
行星的诞生 063

5

CHAPTER 5
恒星的私生活 095

6

CHAPTER 6
混沌的初始和膨胀的宇宙 121

"创世"的时代

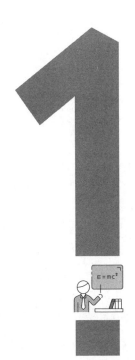

1

地球与邻居

CHAPTER 1

　　第一次对地球的尺寸进行测量，结果是否精确并没有多重要，重点是人们从这次测量中了解到地球非常大。这个数值肯定比当时人们已经了解到的全部陆地面积大几百倍！事实真的如此吗？如果真的是这样，已知世界之外的世界又是什么样的呢？

球形大地理论

1

在分子、原子和原子核里的旅行结束了，让我们回到大小正合适的世界中。不过，我们还是要再次出发，但是我们这一次的方向相反，向着太阳、恒星、遥远的星云和宇宙等大物体的深处前进。科学在这个方向上的发展，也和微观世界一样，距离越远，视野越宽阔。

在人类文明的初始阶段，"宇宙"很渺小。起初人们觉得大地是圆的，像一个盘子，海洋包围着大地，大地漂浮在海洋之上。在我们的脚下是深不可测的未知大海，在我们的头顶是各路天神的居所，也就是天空。

亚里士多德

（前 384 ～ 前 322）

　　古希腊伟大的哲学家、教育家，柏拉图的学生，人们称他为百科书式的科学家。他在伦理学、形而上学、心理学等多个领域都有研究，做出了巨大贡献。他是希腊科学的一个转折点，提出了完整的世界体系，在他之后的科学家都放弃了提出完整体系的企图，转入研究具体问题。他的著作构建了西方哲学的第一个广泛系统。

　　这个扁盘的空间刚好把那时人们所了解到的地理知识都囊括了进来，有地中海和沿海的部分欧洲与非洲，还有亚洲的一部分；大地的北部边界是高高的山脉，夜晚太阳躲在山后面的"世界海洋"上休息。图1相当准确地表示出古代人关于世界面貌的概念。在公元3世纪，有一个人对这种简单而普遍承认的世界观提出了质疑，他就是著名的古希腊哲学家**亚里士多德**。

　　亚里士多德在他的著作《天论》里阐述了这样一个理论：

　　大地实际上是一个球体，一部分是陆地，一部分是水域，它的外围有空气包围。

　　他引用了许多现象来证明自己的观点，这些现象在今天看来大家已经很熟悉了，甚至会觉得有些絮叨。他说，当一艘船在地

图 1　古人认为的世界大小

平线上逐渐消失时，总是船身先不见了，桅杆还露在水面上。这说明海面不是平的，而是弯曲的。他还指出，月食一定是地球的阴影投射在月球这个卫星的表面时才有的现象。既然这个阴影是圆的，那大地也该是圆形的。

但那时候人们不相信亚里士多德的理论。如果他说的是对的，人们无法想象，住在球体另一端（即所谓对跖点，对美国来说是澳大利亚，类似的，中国的对跖点在巴西）的人是不是头朝下地生活，他们不会掉下去吗？他们那里的河流湖泊不会流向天空吗（图2）？

那时的人们不能理解的主要原因是不知道地球引力的存在。在当时的认知中，无论何时何地，"上"与"下"是空间的绝对方向。如果像亚里士多德的"胡言乱语"所阐述的，沿着世界一直走的话，"上"就会变成"下"，"下"就会变成"上"，这是绝对不可能的事情。

当时，人们对待亚里士多德的观点就有如今日（这里指20世纪50年代，作者成书时间）的某些人看待爱因斯坦的相对论一样。因为那时人们对物体下落的理解是：所有物体都有向下运动的趋势，而非受地球引力的作用。所以，如果你有足够的胆量跑到地球的另一边，那你肯定会掉到天空中！

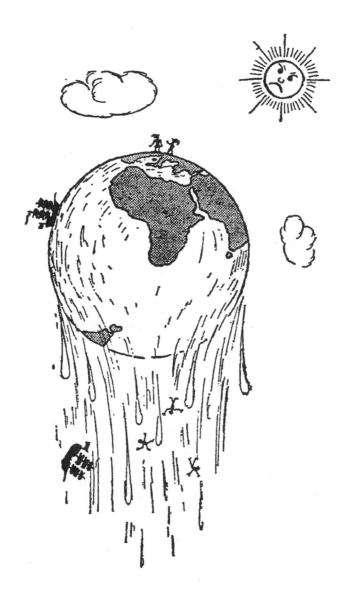

图 2 人们不能理解地球是球形的理论

克里斯托弗·哥伦布

（约1451～1506）

意大利航海家、探险家。在西班牙国王的支持下，先后4次出海远航，开辟了横渡大西洋到美洲的航路，也开辟了后续几个世纪的欧洲探险和殖民海外领地的大时代，对现代西方世界的历史发展有着无可估量的影响。

麦哲伦（1480～1521）

葡萄牙航海家、探险家。1519年～1522年9月，麦哲伦的船队进行环球航行，麦哲伦在环球途中死于菲律宾的部落冲突。船上的水手在他死后继续向西航行，回到欧洲，完成了人类首次环球航行。

新观念必定会遭到人们极强烈的抵触，一时间，人们不会将根深蒂固的旧观念迅速转变过来。即使是在距离亚里士多德2000多年后的15世纪，竟然还有人用头朝下站立的人的画作来嘲讽球形大地理论。就连伟大的**哥伦布**动身前往寻找通往印度的"另一条路"时，也未能认识到他自己的计划是可行的，而且他的行程也因美洲大陆的阻挡而未能全部实现。直到**麦哲伦**进行了著名的环球航行后，人们才最终打消了对大地是球形的怀疑。

人们开始意识到我们生活的大地是个球形之后，自然会有新的问题产生：这个球体有多大？我们的地球和宇宙相比大小如何？显然，那时候的古希腊哲学家无法进行环球旅行，但是他们是怎样测量地球尺寸的呢？

哎！还真有个好办法呢！这个办法是由公元前3世纪的古希腊著名科学家埃拉托色尼最先提出的。他住在当时希腊的殖民地——埃及的亚历山大城。当地还有个塞恩城，位于亚历山大城的南边，在尼罗河上游5000斯塔迪姆远的地方（大约有80千米远，即现今阿斯旺水坝附近）。他听那里的居民讲，夏至那一天正午的时候，太阳正好在天顶正上方，直立的物体都没有影子。

埃拉托色尼还知道，人们在亚历山大城从来没有见过这种景象，即使是在夏至那一天，太阳离天顶（即头顶正上方）有7°的角距离，也就是整个圆周的$\frac{1}{50}$。

埃拉托色尼从大地是球形的假设出发，做出了一个非常简单的解释，从图3中可以看得很明白。两座城市之间的地面是弯曲的，垂直射向塞恩的阳光一定会和位于北方的亚历山大城有一定夹角。从地球中心引两条直线，一条到塞恩，一条则到亚历山大城。从图上可以看出，两条引线的夹角等于通过亚历山大里亚的那条引线（即此处的天顶方向）和太阳光垂直射在塞恩时的光线之间的夹角。

由于这个角是整个圆周的$\frac{1}{50}$，整个圆周就应该是两城间距离的50倍，即250,000斯塔迪姆。1斯塔迪姆约为$\frac{1}{10}$英里，所以，埃拉托色尼所得到的结果是25,000英里，即约40,000千米，这个数值非常接近现代测量的结果了。

第一次对地球的尺寸进行测量，结果是否精确并没有多重要，重点是人们通过这次测量了解到地球非常大。这个数值肯定比当时人们已经了解到的全部陆地面积大几百倍！事实真的如此吗？如果真的是这样，已知世界之外的世界又是什么样的呢？

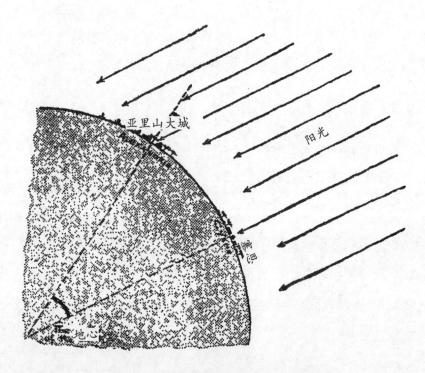

图 3　埃拉托色尼测量地标尺寸的方法

2

视差位移

　　说到天文学距离，我们先得熟悉一下什么叫视差位移（简称视差）。这个名字听起来有些唬人，但实际上视差非常简单实用。

　　认识视差很容易，用穿针的事实就能了解。你可以试试闭上一只眼睛来穿针，就会发现用一只眼睛穿针很难办到，因为你的手不是在离针孔很远的地方停下，就是在距离针孔很远的地方就想把线穿进去。用一只眼睛是无法正确判断针和线之间的距离的。如果把另一只眼睛睁开，这件事就容易多了，即使初学者也很容易上手。用两只眼睛观察一个物体时，人们会自动地把两只眼睛的视线都聚焦在这个物体上。物体越近，两只眼睛的相对转动角度越大。而进行这种调整时眼球肌肉上的感觉让你非常确信地知道自身和物体之间的距离。

如果你没有同时用两只眼睛来看，而是分别用左、右眼观察，你就会看到物体（比如针）相对于后面背景（比如房间里的窗户）的位置是不一样的。这就是视差位移，这样一描述大家肯定就很熟悉了。如果你没有概念，那现在可以自己试着做一些，照着图4那样分别用左眼和右眼看针和窗户。物体越远，视差位移越小。我们利用这种效应来测量距离。

视差位移可以用弧度来表示，这种表示方法要比靠眼球肌肉的感觉判断距离要准确得多。不过，我们两眼之间的距离仅仅为3英寸（约7.6厘米）左右，当物体远在几英尺开外的地方就不能很准确地判断了。

因为物体距离远，所以眼睛看远处的东西时的视线是接近平行的，这样视差位移就不如看近物那么明显了。如果要测量更远的距离，那就把两只眼睛的距离分得更开一点儿，这样视差位移的角度就增大了。但是请放心，增加眼间距不需要做外科手术，几面镜子就可以帮我们做到。

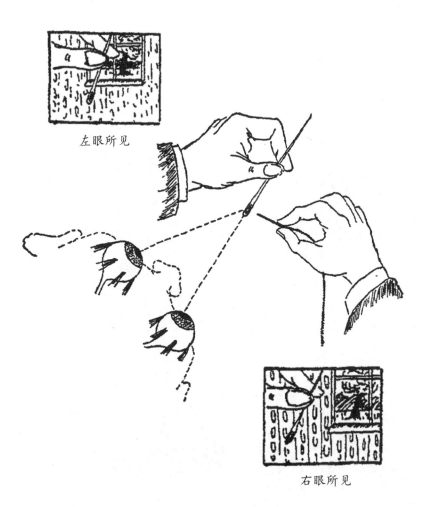

左眼所见

右眼所见

图 4　用左眼和右眼分别看针和窗户

014

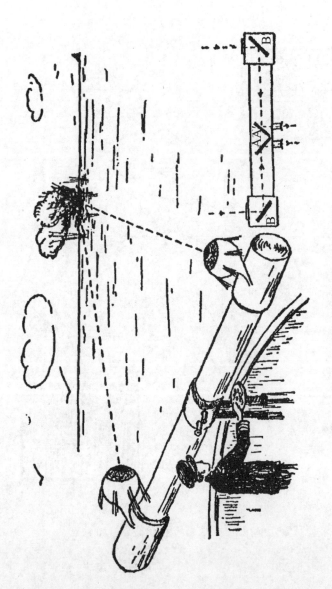

图 5 海军使用的测量敌舰距离的装置

在图5中我们看到的是海军使用的测量敌舰距离的装置（在雷达发明以前）。这是一根长筒，两个目镜的位置上各有一面镜子（A,A′），筒两端也各有一面镜子（B,B′），使用这样一架测距仪，我们就能做到好似一只眼在B处看，另一眼在B′处看了。

双眼间的距离也称作光学基线，因为光学基线大幅增加，所以眼睛能估算的距离也就随之增大。不过海军不需要凭借肉眼去判断距离，他们有精密的测距仪，上面配备的装置和刻度盘可以帮助他们非常精确地测定视差。

3

如何测量地球到月亮的距离

用上一节提到的精密的仪器去测量距离，哪怕敌方舰艇出现在海平面上，测量出的距离也不会有很大的误差。但是用它测量再远一点儿的距离，比如离我们最近的星球——月亮，就显得无能为力了。在宇宙中，如果想观测以宇宙为背景的月亮的视差，那么所需要的光学基线至少要有几百千米。

如果我们真的要做这样一套光学仪器的话，那么一只眼睛在华盛顿的话，另一只眼睛就要在纽约才能实现。我们只要在两地同时拍摄一张月亮与群星的合照就行了。把这两张照片放到立体镜（一种观看图片立体效果的装置）里，就能看到月亮悬浮在群星之中。天文学家们拍摄了两张在地球不同地方、相同时间的月球和星星的照片（图6），从地球一条直径的两端分别看去，月

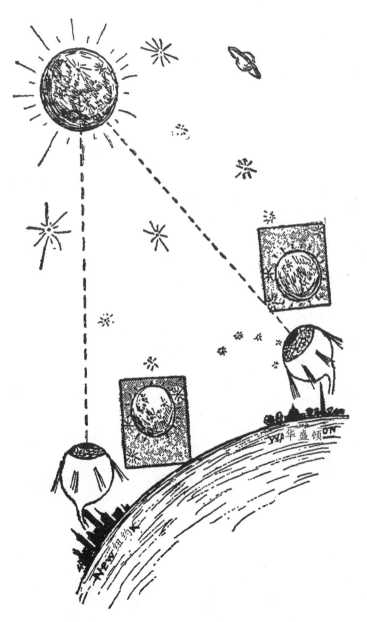

图6　天文学家们拍摄了两张在地球不同地方、
相同时间的月球和星星的照片

亮的视差是1°24′5″，也就是说地球和月亮的距离是地球直径的30.14倍，即384,403千米。

那么再根据这个距离和观测到的角直径，就可以推算出这颗地球卫星的直径为地球直径的$\frac{1}{4}$。因此，月亮的表面积为地球面积的$\frac{1}{16}$，大约和非洲大陆差不多大。

如何测量地球到太阳的距离

4

运用同样的方法，我们也能测出地球到太阳的距离。因为太阳距离我们非常远，所以测量起来困难便更大。天文学家们测出这个距离是149,450,000千米，也就是月地距离的385倍。太阳距离我们非常遥远，即使我们测得的太阳直径很大，是地球直径的109倍，但太阳看起来却和月亮大小差不多。

如果太阳是个大南瓜，地球就是颗豌豆，月亮则是粒罂粟籽，纽约的帝国大厦就成了在显微镜下才能看到的微小生物。这里我们要补充一句，古希腊有个富有远见的哲学家阿那萨古腊，仅仅因为在讲学时提出太阳是个像希腊那样大小的火球，就遭到了放逐，甚至还被威胁处死。

　　天文学家们还用同样的方法计算出了太阳系中各行星与太阳的距离。1930年发现的最远的行星是冥王星，它与太阳的距离约为地球和太阳的距离的40倍，精准一些讲就是5,903,073,792千米（由于冥王星实际尺寸太小，只有月球的$\frac{1}{6}$，2006年已被归入矮行星序列）。

璀璨银河

CHAPTER 2

　　这个由一大群恒星组成的银河系有一个显著的特征：它和我们的太阳系一样在迅速地转动。就像水星、地球、木星和其他行星沿近似圆形的轨道绕太阳运行一样，组成银河的几百亿颗恒星也绕着所谓的银核转动。

贝塞尔与天鹅座 61

1

我们再向太空深处走去，便进入了恒星的世界。在这里，视差方法仍然适用，但是即使是离我们最近的恒星，实际距离也是非常遥远的。也就是说从地球上距离最远的两点（即地球的两侧）观察，也无法在广袤的星际背景中看到明显的视差。但并不是没有任何方法。

如果我们通过地球的直径测算出它绕太阳一周运动轨迹的大小，那我们不是也可以用同样的方法测算地球到恒星的距离吗？也就是说如果从地球轨道的两端分别观测恒星，是否可以发现一两颗恒星的位置有所变化呢？虽然这样的测算方法需要两次间隔半年之久的观测，但我们还是可以得到观测结果的。

贝塞尔（1784～1846）

德国天文学家、数学家，天体测量学的奠基人之一。他在天文学方面有很多贡献，重新订正了《巴拉德雷星表》，加上岁差和章动以及光行差的改正，并把位置归算到1760年的春分点。

想出了这个方法后，德国天文学家**贝塞尔**自1838年开始每隔半年对星空进行比较。

一开始他运气不太好，选定的目标恒星都没有表现出明显视差，因为它们实在太遥远了，用地球轨道直径作为光学基线也不行。但随着观测继续，他发现了一颗恒星，它在天文学上的名称叫天鹅座61，位置和半年前稍有不同（图7）。再过半年进行观测时，它又回到了原来的位置。

那么显然，这是视差效应造成的。贝塞尔也就由此成了手拿量尺，跨出太阳系，迈入星际空间的第一人。

半年的间隔所得到的天鹅座61的位移还是很小，只有0.6弧秒（精确值为0.600″±0.06″），大概就是你在800千米之外看到一个人时对应视线的角度（如果你能看见这个人）。不过我们用到的天文仪器十分精密，哪怕是这么小的角度也能以极高的精确度测出来。

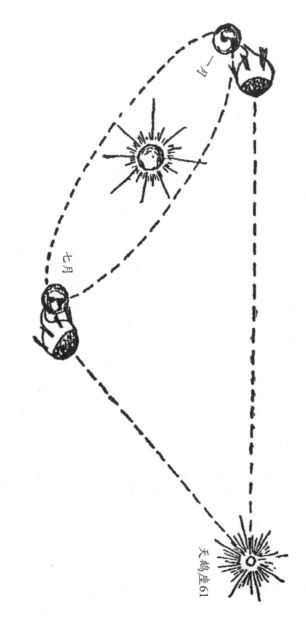

图 7 天鹅座 61 每隔半年的位置

根据测出的视差和已知的地球轨道直径，贝塞尔推算出这颗恒星在103,000,000,000,000千米之外，比太阳要远690,000倍！可能这个数字中的0太多，大家不容易体会其大小。

那就回到我们之前的那个比喻，太阳是个南瓜，在距离它200英尺（约61米）远的地方有颗豌豆大小的地球围绕着它转动，这颗恒星呢，则在5万千米以外的地方。

距离在天文学中都是非常遥远的，因此常用光线走过这段距离所用的时间（光在真空中的速度约为300,000千米/秒）表示。光线绕地球一周只用$\frac{1}{7}$秒，从月亮到地球只要1秒多一点儿，从太阳到地球不过8分钟。而从我们的宇宙近邻天鹅座61发出的光，差不多要11年后我们才能看到。

如果天鹅座61某天因为一场宇宙灾难熄灭了，或者在一团火焰中爆炸了（恒星常常会遇到这种情况），只有在过了漫长的11年之后，我们才能从穿过茫茫星际空间到达的耀眼爆炸闪光以及它的最后一缕光芒中得知此事，一颗我们熟悉的星星就此消失了。

贝塞尔根据计算得知天鹅座61的距离，继续推算知道这颗在夜空中静悄悄放出微弱光芒的小点，竟是光度仅比太阳小一点

尼古拉·哥白尼（1473～1543）

　　文艺复兴时期波兰天文学家、数学家。他提出了日心说，否定了教会的权威，改变了人类对自然、对自身的看法，更正了人们的宇宙观。在德国天文学家开普勒提出行星运动三大定律，英国物理学家牛顿提出万有引力后，他的日心说地位才更加稳固。

儿，体积只小了30%的星体。这就成了**哥白尼**革命性论点的第一个直接的证据：

　　太阳仅仅是在无垠空间中相距甚远的无数恒星中的一员。

2

如何知道恒星的数目

在贝塞尔的飞跃性发现之后，人们又测量出了许多恒星的视差。有几颗比天鹅座61还要近一些，最近的是半人马座α（半人马座内最明亮的星，中国古代称南门二），它离我们只有4.37光年，大小和亮度都与太阳类似。

其他恒星则要远得多，远到即使用地球轨道的直径作为光学基线也依旧看不到差别。恒星在大小和光度上的差别也很悬殊。大的有比太阳大400倍、亮3600倍的猎户座α（即参宿四）这样极其明耀的巨星；小的有比地球小一圈，比太阳暗10,000倍的范马南星（直径只有地球的75%）这样昏暗的矮星。

恒星的数目有多少，我们可以探讨一下。许多人可能还包括你，都以为天上的星星多到数不清。实际上呢，正如许多在人群中的主流观点，这个观点也是完全不正确的，至少在肉眼能看见的范围内，并不是这样的。

如果数一数从南北两个半球可直接用肉眼看到的星星，它们的数量加起来只有六七千颗；因为在地球上的任何一点只能看到一半天空，并且地平线附近由于大气吸收光线很严重，所以能见度较低，就算是天空晴朗没有月亮，肉眼也只能看到2000颗左右的星星。如果数数的速度快一些，以每秒钟一颗的速度数下去，半小时左右就能全部数一遍。

如果改用普通的双筒望远镜观测的话，那就可以观测到5万颗星星，如果用一架口径为2.5英寸（约6厘米）的望远镜，就能看到100多万颗。那架有名的放置在加利福尼亚州威尔逊山天文台的望远镜甚至能观测到多达5亿颗星星。如果还是一秒数一颗，每天从夜晚数到天亮，一个天文学家要数上一个世纪才能完成这项任务！

我们得到的星星总数并不是天文学家一个个数出来的，而是天文学家选定几个区域，用这些区域的实际数目的平均值算出整个星空的星星总数。

100多年前，英国著名的天文学家**赫歇尔**用自己制造的大型望远镜观察星空的时候注意到了这样一件事情，天空中有一条微弱的光带，大部分肉眼可见的星星都分布在这条横跨天际的光带上，这条光带就是银河。

赫歇尔的研究使得天文学明确了这样一个概念：银河并不是天空中的一道普通星云（星云是尘埃、氢气、氦气等电离气体聚集形成的庞大天体），而是由数量极多、距离又远，肉眼不能独立分辨出来的暗星（恒星）的光引起的。

通过高倍数的望远镜观察，我们才发现银河是由数量极其庞大的恒星组成的；望远镜放大倍数越多，看到的星星就越多。但是银河系在我们看来依旧很模糊。不过不要因此觉得银河内的星星比其他地方要更加密集。

事实上，星星在某个区域内看起来很多，不是因为星星在这里集中分布，而是星星在这个方向上有层次地分布。视角沿着银河一路延伸，在目力（在望远镜的帮助下）所及的范围内都有星星的分布，而在其他方向，星星并没有伸展到视力的边界，而在这之后几乎是虚无的空间。

　　沿着银河的方向看过去，就好像向茂密的森林中望去一样，看到的是许多重叠在一起的树枝、树干，所以看上去非常密集；而在其他方向，能看到一些空余的地方，正如我们在树林里抬头向上看时，在树枝、树叶之间可以看到一块块的蓝天。

3

银河系的特征

所以说，银河是占据了一个扁平的区域的一大群星体，在这个方向延伸到很远很远，而在垂直于这个平面的方向上，星星的分布就没有那么深远了，而太阳只不过是银河中一个稀松平常的星球。几代天文学家们通过细致研究让我们知道，银河中大约有40,000,000,000颗恒星，它们分布在一个凸透镜状的区域里面，凸透镜直径约为100,000光年，厚度大约是5000~10,000光年。与此同时我们了解到，太阳并不是在什么中心位置，而是在靠近外缘的部分。这对我们人类的虚荣心真是一个不小的打击。

我们希望通过图8告诉大家，银河这个恒星的蜂巢是什么样的。另外提一句，银河在科学的语言中应该用银河系（前者是其

图 8　天文学家在观察银河系。银河系缩小了
100,000,000,000,000,000,000 倍，太阳大概
在天文学家的头顶处

俗称Milky Way，直译成牛奶一样的路；后者是Galaxy，才有星系的意思）这个名称代替。图中的银河系被缩小了1万亿亿倍，而且图中用来代表恒星的点也比400亿个少得多，这当然是出于方便印刷的考虑。

这个由一大群恒星组成的银河系有一个显著的特征：它和我们的太阳系一样在迅速地转动。就像水星、地球、木星和其他行星沿近似圆形的轨道绕太阳运行一样，组成银河系的几百亿颗恒星也绕着所谓的银核转动。银河系的旋转中心在人马座的方向上。因为你在顺着银河的方向看去时，会发现它那雾蒙蒙的模糊外形在接近人马座时变得越来越宽，这也就说明了这是凸透镜状银河系的中心部分，图8中的那位天文学家正是朝这个方向看去的。

4

银核的样子

银核是什么样子的呢？很不幸我们还不知道，因为它被浓雾一样黑暗的星际物质挡住了。如果观察人马座区域中银河最宽的那一部分（在初夏的晴朗夜晚看最为明显），你可能会觉得这是神话里的河分成的两条支流。但并不是真的分成了两条"单航道"，而是因为悬浮在我们和银核之间的星际尘埃和气体阻碍了银核的光线。

所以我们看到银核位置的黑暗和银河两侧的黑暗区不同，银河两侧的那些暗区只是黑黑的背景，而银核却被不透明的云遮挡了星光。而我们在那里能看到的几颗星星，实际上是分布在我们和尘埃之间的（图9）。

图 9　向银核看去，我们会感觉到这条神话中的河分成了两汊

这个神秘的、太阳也围绕旋转的银核以及那里数十亿个恒星不能被我们观察到，自然令我们感到很遗憾。不过我们并不是对银核一无所知，可以通过对银河系之外的其他星系进行观察，大致了解银核的样子。在银核中，并没有哪一个星系有一个像太阳系中的太阳那般可以控制所有成员的超级巨星。对其他星系的研究（以后我们要讲到）表明，它们的中心是由许多恒星组成的，只不过这里的恒星数量要比太阳中心多得多。如果把行星系统比作由太阳统治着的大帝国，银河系就类似一个民主国家，有一些星星占据了星系的中心位置，其他星星只好处在外围较低级的社会阶层。

5

哥白尼式的观测方法

　　我们知道了所有的恒星，包括太阳，都在一个十分巨大的轨道上绕着银核转动。那么接下来的问题是，我们怎么证明这个理论？这些星星的轨道半径又有多大？每个恒星绕一周要花多长时间呢？所有这些问题，荷兰天文学家奥尔特在1927年给出了解答。他使用的观察方法非常类似于哥白尼观测太阳系的方法。所以我们先得知道哥白尼式的观测方法是什么样的。

　　古巴比伦人和古埃及人还有一些其他古代民族都注意到了木星、土星等这些大行星在天空中运行的路线非常奇特：它们都是先和太阳行进的方向一样，沿着椭圆形轨道前进，之后突然停下，然后倒回去一段，之后再折回来继续前进。在图10的下半部

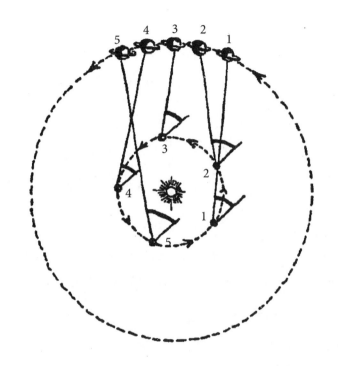

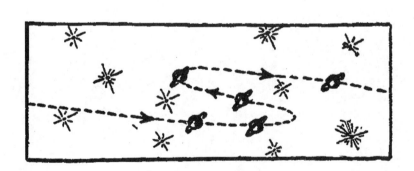

图 10　观测土星的神秘运动

分，我们描绘出了土星在两年时间内的大致路线（土星的转动周期为29.5年）。过去由于宗教的原因，人们视地球为宇宙的中心，所有行星包括太阳在内都绕着地球旋转，为了合理地解释它们奇怪的运动轨迹，只能假设行星轨道是一环套一环那样。

但是，哥白尼的目光却异常犀利。他天才般的大脑给出了这样的结论：这种神秘的运动其实很简单，只要把地球和其他各行星看作围绕太阳做简单圆周运动就没有问题了。看看图10的上半部分，这种解释并不难理解。

图的中心是太阳，地球（小一些的那个球）在小圈上运动，土星（有环的那个行星）按相同的方向在大的圈上转动。数字1，2，3，4，5分别标出了地球和土星在一年中的几个位置。有一件事情我们需要了解，土星的运动周期要比地球慢得多。从地球各个位置引出的那些垂线指向某一颗固定的恒星，在不同位置的地球向对应的土星位置连线，我们可以看出这两个方向（指向土星和固定恒星的）间的夹角先增大，再减小，然后又增大。这种环套式行进的运动模式并非表明土星运动有什么奇异之处，仅仅是由于我们在观测土星时，地球也在运动，所观察到的夹角自然会有所改变。

6

奥尔特的观点

接下来，我们可以用图11了解奥尔特关于银河系中恒星的圆周运动的观点。在图的下方，可以看到银核（那里有星际尘埃之类的东西），整个图片上都分布着恒星。三个圆弧分别代表不同半径的恒星轨道，中间的那个表示太阳的路径。注意观察其中的8颗恒星（即带有光芒标识的），其中的两颗与太阳在同一轨道上运动，一颗稍微在前面，一颗稍微落后；其他的恒星也是远近各有不同。

我们需要知道的是，因为万有引力，在外围运动半径大的恒星的速度比太阳慢，在内侧运动半径小的恒星的速度比太阳快（图上用箭头的长短表示）。

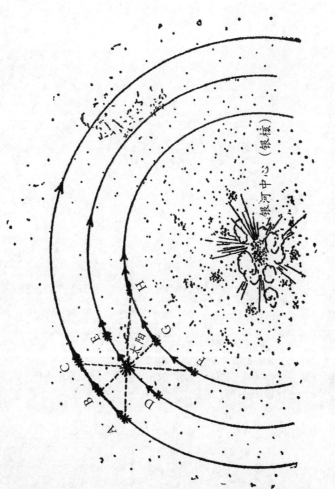

图 11　奥尔特关于银河系中恒星的圆周运动的观点

从太阳或者说从地球上看，这8颗恒星的运动情况，是怎样的（由于地球相对太阳运动，它与这些恒星的运动相比起来就微不足道，因而后文中均假设地球与太阳相对静止）？我们这里意指恒星沿观察者视线方向的运动，这可以根据多普勒效应轻松辨别。

首先需要知道，与太阳运动速度相同的两颗恒星（D和E）显然永远相对于太阳（或地球）静止。和太阳处于同一半径上的两颗恒星（B和G）也是同样如此，因为它们与太阳的运动方向平行，在观测方向没有速度分量。那么运动半径较大的恒星A和C又怎么样呢？它们的速度低于太阳的速度，所以从图上分析，A会渐渐落后，太阳则会慢慢追上C。也就是太阳到A的距离会增大，到C的距离会减小，这两颗恒星射来的光线分别产生多普勒红移效应和蓝移效应。再看内侧的恒星F和H，情况刚好与之相反，F的光线会表现出蓝移效应，H则是红移效应。

假定恒星光的多普勒效应仅仅源自其圆周运动的效应，如果这种运动假设成立的话，实际观测不仅可以证明它，还能计算出恒星运动的轨道和速度。通过收集天空中每颗恒星的视运动的资料，奥尔特证明了他假设的红移和蓝移的确存在，从而完美地证明了银河系在旋转。

同样能够证明的是，银河系的旋转也会影响到各恒星沿垂直于视线方向的视速度。尽管精确测定这个速度分量是非常困难的（因为在远处的恒星不管线速度有多大，产生的角位移也非常小），奥尔特以及其他人同样观察到了这个现象。

一旦精确测定出恒星运动的奥尔特效应，我们也就可以很容易地求出恒星轨道的半径和转动周期。我们现在就知道，以人马座为中心，太阳的运行半径是30,000光年，这个长度相当于整个银河系半径的$\frac{2}{3}$。太阳绕银核运行一周需要2亿年左右的时间。毫无疑问，这是相当漫长的时间，但要知道我们的银河系已有50亿岁的高龄了。在这段岁月里，太阳已带着它的行星家族绕着银核转了20多圈。如果仿照地球年的定义，把太阳公转一周的时间称为"太阳年"，我们就可以推断宇宙只有20多岁。恒星世界的步伐总是如此缓慢。所以如果我们用太阳年记载宇宙历史的变迁，倒是个挺方便的方式。

走向未知边界

接下来，就该回到最基本的问题——宇宙有多大。宇宙是无限的，还是有限的？随着制造的望远镜口径越来越大，光学结构越来越精密，我们的视野能否一直探索到新的、未曾知晓的宇宙空间呢？还是与此相反，人类最终会在理论上，发现最远的那颗恒星？

旋涡状星云

1

在前面我们已经提到了，银河系并不是唯一存在于宇宙中的庞大的恒星群体。通过天文望远镜的观察，我们已经在宇宙深处发现了更多的、巨大的星系系统。其中，离我们最近的一个是著名的仙女座星云，用肉眼就可以直接看到它。它长得一副又小又暗且十分狭长的模糊模样。

照片 I 是用威尔逊山天文台的大望远镜拍摄到的两个类似的天体，它们是后发座星云的侧面和大熊星座星云的正面的样子。从照片中可以明显地看出，它们有典型的旋涡结构，这个形状是类似银河系一样的凸透镜形，因此这些星云被称为"旋涡状星云"。许多证据也表明银河系也是这样的旋涡体。当然，从银河

a

b

照片 I　用威尔逊山天文台的望远镜观测到的天体

　　a.大熊座中的旋涡星系

　　b.后发座中的旋涡星系NGC4565

（照片来源：威尔逊山天文台）

系内部并不容易确定这一点，可是太阳位于我们这个"银河大星云"的一条旋臂（指旋涡星系内天体分布呈旋涡状，从里向外卷的螺线形带）的末端，这就稍微好办一些。

在之前相当长一段时间，天文学家们只是把它们当成普通的弥散星云（亮星云），并未意识到这类旋涡星云是类似银河系的巨大星系。前者是在空间中散布的微尘构成的巨大云状物，比如透过银河内恒星之间可见的猎户座星云。后来人们才发现，这些看起来有些朦胧的旋涡状天体并不是尘埃或雾气。通过最高倍的望远镜，我们可以看到一个个分离的亮点，这就说明所谓的尘埃或雾气其实是一群单独的恒星。只不过它们离我们太远，视差法还无法计算出来它们与我们的距离。

是不是我们已经用尽了测量天体距离的手段了？当然没有！当人们在科学研究中遇到某个无法克服的困难而不能继续前进时，这种停滞往往只是暂时的。只要人们有了新的研究发现，便可以继续探索下去。哈佛大学的天文学家沙普勒发现了一把全新的"量天尺"，这一新型工具便是**脉动变星**或者叫**造父变星**。

脉动变星（造父变星）

由脉动引起亮度变化的恒星，数量大约有 200 万个。这种变星亮度的变化，可能是由于恒星体（自身的大气层）一会儿膨胀，一会儿收缩引起的。这种星的脉动变化现象是最先在仙王座的 δ 星（造父一）上发现的，所以才这样命名。

　　夜空中有着数不尽的发亮的星星。大多数星星的光辉是稳定的，但有一些星星则是有规律地进行着明暗变化。这些巨大星体的亮度发生周期性的变化，就像心脏那样有规律地跳动。恒星越大，脉动周期越长。这一点我们可以通过摆钟来理解，摆钟的摆线越长，摆动就越慢。

　　很小的恒星（以恒星大小对比）一个闪动周期只有几小时，巨大恒星则需要很多年，并且恒星越大就越明亮。所以我们知道造父变星的脉动周期与平均亮度之间一定存在着某种必然的联系。通过观测离我们相当近（所以能够直接测出它的距离和绝对亮度）的仙王座造父变星，就可以确定两者之间的数学关系。接下来，如果我们观测到了一颗造父变星，而它的距离超出了视差法的测量范围，那么要想推算它的真实亮度，可以依靠观察它的脉动周期来获得。

　　与测得的视亮度一比较，天文学家们就能知道它的距离有多远。沙普勒发明了这个绝妙的方法，并用它成功地测出了银河系内部离我们极远的恒星的距离，而且他还用这种方法估算出了整个银河系的大小。

　　沙普勒接着用这种方法测量到仙女座星云中的几颗造父变星的距离，然而得到的结果令他感到非常不可思议：地球到这几颗恒星的距离（当然就是到仙女座星云的距离）已经有1,700,000光年，远远超过了银河系的直径！通过这个结论人们便知道仙女座星云的体积只略小于银河系，比照片 I 里那两个旋涡状星云还要远，它们直径的大小也和仙女座星云差不多。

这个发现也直接告诉我们，旋涡状星云可不是银河系内的"侏儒"。它们有着与银河系平起平坐的地位。如果在仙女座星云的茫茫星海当中，有一颗恒星的行星上也有"人类"存在，那么他们看到的银河系的形状，应该和我们现在看他们的星系差不多是一个样子。天文学家们也不会在这个问题上有什么纠结了。

2 星系的演化

　　由于天文学家们，尤其是著名的星系观测者、威尔逊天文台的E.哈勃（就是哈勃空间望远镜命名纪念的那位哈勃）的探索，我们已经发现了许多有关这些遥远恒星社团有趣而重要的事情。其中之一是，强大的望远镜可以观测到比肉眼所见的星星还要多的星系，但它们不都是旋涡状的，而是有许多种类。比如球状星系，它看起来类似一个边界模糊的圆盘；还有扁平不一的椭球状星系；即使是旋涡状的星系，星星旋绕的松紧程度也是差别很大的。除此之外，更有形状奇特的棒旋星系。我们将观测到的各种形状的星系依次排列，就有了一个非常重要的结论（图12）：下列排列顺序可能表示了庞大星系的不同的演化阶段。

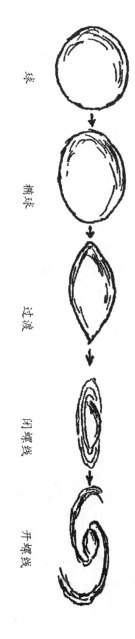

图 12　星系在正常演化中的几个阶段

球　　椭球　　过渡　　闭螺线　　开螺线

　　对于星系的演化阶段，我们还远远不能说已经了解，现在猜测的结果很可能是不断收缩而形成的演化。当缓慢旋转的球状气团一点点地收缩时，它的旋转速度会加快，形状也相应地变成椭球体。收缩达到一定程度后（椭球的极轴半径与赤道半径比值达到7：10），它的形状就开始像凸透镜状转化，边缘出现一圈薄薄的棱。从凸透镜再进一步收缩，周围旋转的气体开始散开，赤道面上形成一层薄薄的气体帘幕，但此时整团气体仍大致保持着凸透镜的形状。

　　英国著名物理学家、天文学家金斯从数学上证明了上述过程是可以发生在旋转的球状气体中的。同时，我们还能将它纹丝不动地搬到计算星系这类巨大的星云的形成过程中。如果把单个恒星看作一个分子，那么一团气体便是聚集在一起的亿万颗恒星形成的了。

　　我们可以发现金斯的计算结果和沙普勒的星系分类完全吻合。具体来说就是：

　　现在已知形状最扁的椭球状星云半径之比就是7：10（E7），而且此时在它的赤道位置处明显出现了棱圈。

　　显然在演化后期才出现的旋臂是因高速旋转而甩出的物体。

　　但是到目前为止，我们还不能解释旋臂产生的原因和过程，至于旋涡臂和棒旋臂的区别，我们也不知道。

3

星系的构造

我们还要做更多的研究工作去深入地了解这些星系的构造、运动和各部分组成。例如，有下面这样一个有趣的现象。

前几年，威尔逊山天文台的德国天文学家巴德指出，旋涡状星云中心部分的恒星和球状、椭球状星系的恒星是同一种类型，但是新成员在旋臂内部出现。它们因高温、光度高而和中心部分的其他成员区分开，它们的名字叫"蓝巨星"。

旋涡星系的中心部分和球状、椭球状星系的内部都没有这种恒星。之后我们将看到，蓝巨星极可能是一种刚诞生不久的新恒星，所以我们坚信，旋臂是星系孕育新成员的地方。

　　那么也就能假设，从正在收缩的椭球状星系鼓胀的中段部分甩出来的大部分物质其实是气体，在它们到达寒冷的星际空间之后，逐渐聚集形成了一个个体形巨大的天体。这些天体在重力的作用下一直在收缩，变得高温、光亮。在第四章中，我们将讲述恒星的诞生以及它们精彩的一生。

　　现在，我们还是回到广袤的宇宙中看星系的大致分布。

　　但是有一点我们需要知道："量天尺"脉动变星只有在测量银河附近的一些星系时才具有准确性。当我们继续探索宇宙空间的更深处时，它似乎有一些无能为力，因为在这个距离下，功能最强大的望远镜也不能分辨出单个恒星了。这时，整个星系在望远镜中只不过是一小条长长的星云。所以，我们只能通过星系的大小来判断它距我们有多远。因为星系并不像单个恒星一样大小有很大的差异，同一类型星系的型号大体上还是相近的。就好像假设所有人的身高体形都差不多，没有特别矮的，也没有特别高的，那你就可以根据一个人的视大小来判断与他的远近。

　　哈勃用此方法估计了相距很远的星系距离，他给我们的结论是，在可见范围内（使用最大倍率的望远镜），星系大体上分布均匀。这里用到"大体上"是因为星系在某些区域分布比较密集，数量能达到上千个，就好像挤在银河系里的恒星那样。

我们所在的银河系好像处在一个比较小的星系群中，星系群包括3个旋涡星系（银河系和仙女座星云都在其中）、6个椭球状星系和4个不规则星云（其中有两个是大、小麦哲伦星云）。

如果不算这些偶尔出现的群聚现象，从帕洛玛山天文台的200英寸望远镜里一眼望去，10亿光年的可见范围内，星系的分布可以说是很均匀的，相邻的两个星系平均距离为500万光年。这也就是说，在我们可以看到的宇宙范围内，有着几十亿个恒星世界！

假设用之前的比喻，如果帝国大厦是细菌那么大，地球就是颗豌豆，太阳则是个南瓜，银河系就是几十亿个南瓜分布在木星轨道之内，而且还有千千万万个大大小小的南瓜堆散布在半径略小于从地球到最近的恒星的球形空间内。这真是太大了，很难找出合适的比喻去形容宇宙之中的各种距离！就算是把地球看成豌豆的大小，宇宙的距离还是超级之大的。

宇宙有多大

　　天文学家是怎么一点点勘测宇宙的，我们在图13中试着为大家找出答案：从地球出发最先到达月亮，然后是太阳、恒星，接着到了遥远的星系，直到触及未知世界的边缘。

　　接下来，就该回到最基本的问题——宇宙有多大。宇宙是无限的，还是有限的？随着制造的望远镜口径越来越大，光学结构越来越精密，我们的视野能否一直探索到新的、未曾知晓的宇宙空间呢？还是与此相反，人类最终会在理论上，发现最远的那颗恒星？

　　宇宙可能是有限的，但这并不意味着会出现这样一番景象：

大约在几十亿光年远的地方，人们在宇宙的边界会看到一堵墙上写着"禁止入内"。

在《从一到无穷大——数字时空与爱因斯坦》第三章中，我们已经说过，空间可以是没有边界的，但它是有限的。这是因为空间可以弯曲然后"自我封闭"起来。

也就是说，如果有一位宇宙探险家驾驶着飞船走直线，那么他的路线可能会在空间中画出一条短程线，最后回到他启程的地方。这有些类似某位古希腊探险家从家乡雅典城出发一直向西走，历经长途跋涉之后，发现自己从东面回到了雅典城一样。

之前我们提过，在一块相对很小的区域内进行几何测量，无须周游世界就可以测定地球的曲率。那么用同样的办法在现有望远镜的视程内就能测定出宇宙三维空间的曲率。在《从一到无穷大——数字时空与爱因斯坦》第五章中说过，有两种不同的曲率：

有确定体积的闭空间对应的正曲率和对应马鞍形无限开空间的负曲率。

这两者的区别就在于在闭空间内均匀分布的物体，其数目的增长比距离的立方慢，而在开空间增长的速率则大于这个值。

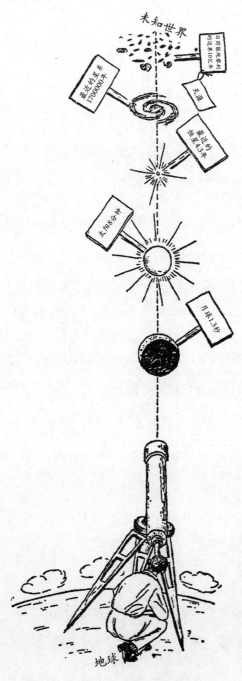

图 13　勘测宇宙的距离用光年表示

在宇宙空间内，各个星系即为"均匀分布的物体"。所以说想要测量宇宙曲率，只需统计不同距离内星系总数即可。哈勃做了这项统计工作，他的结论是：

星系的数目大概比距离的立方增长更加缓慢，所以宇宙很有可能是个有确定体积的正曲率空间。

但是我们必须知道，哈勃观察到的这种规律不是很明显，在威尔逊山上那架100英寸的望远镜视线的尽头才有这样的趋势。即使使用帕洛玛山上200英寸反射式望远镜进行观测，可能也无法给这个十分重要的问题一个明确的答复。

这其中一个重要的原因是：视亮度是测定远处星系距离的唯一工具（根据平方反比定律）。这个方法成立的前提是，假设所有星系都是相同的亮度。但是如果星系的亮度随时间发生变化（即与年代有关），那么结论就会出现错误。要知道，通过帕洛玛山望远镜观测到的最近星系，大多都在遥远的10亿光年外的地方，因此我们看到的是它们在10亿光年前的样子。如果星系随着自己的衰老而变暗（可能是由有些活跃的恒星成员衰老导致），那就得修正哈勃的结论。

事实上，只要星系的光度在10亿光年内（它们寿命的$\frac{1}{7}$左右）有一个微小的改变，宇宙是有限的结论便不一定成立。由此可见，为了说明我们的宇宙到底是有限的还是无限的，未来还有不少工作要做呢！

行星的诞生

CHAPTER 4

　　近年来，人们应用不断改进的技术，
精确地测定了岩石中的铅同位素及其他不
稳定同位素（如铷87和钾40）衰变产物的
积累量，由此算出最古老的岩石已经有约
45亿年。因此，我们得出结论：地壳是在
大约50亿年前由熔岩凝固成的。

地球的形成

1

由于我们长期生活在地球上的7个大洲上（南极洲上现在当然也有人居住了），"大地"这个词在我们眼中就代表着稳定。环顾我们熟悉的地球表面，无论是大陆还是海洋，山川还是河流，好似自从开天辟地、宇宙诞生以来它们就在那里一样。

而事实上，地质学资料表明：

大地的表面一直在持续地变化。大片的陆地可能被海水淹没，海底也可能浮出水面变成陆地；远古山脉在雨水日复一日地冲刷下渐成平地，而新的山脉也会因为地壳运动从平地隆起。但这些也仅仅是我们的地球发生了一些固体外壳的微小变动。

但是我们也知道，地球也曾有一段时间根本没有地壳。曾经它就是一个发着光的熔岩球。而且通过研究地球的内部我们发现，地球大部分至今仍然是熔融状态。

我们印象中脚下坚实的大地，其实只是漂浮在岩浆上面的一层相对很薄的硬壳而已。我们是怎么得出这个结论的呢？很简单，通过测量地球内部各个深度的温度得到的。而结果是每向下1000米，地温就上升30℃左右。

正因如此，在世界最深的矿井（南非的姆波尼格金矿）里，如果没有空调，就会使矿工们热得被活活烤熟。如果按照这个比例继续增长，到了地下50千米深，也就是不到地球半径的1%处的时候，温度就会达到岩石的熔点（1200～1800℃）。在这个深度以下是地球质量超过97%的部分，都是熔融状态。

这种状态肯定不会一直维持下去。我们现在观察到，地球正在从过去完全熔融的状态演化成未来的一个完全冷却的固体球，现在正是其中某个逐渐冷却的阶段。由冷却率和地壳加厚速率粗略计算，可以知道地球的冷却过程至少在几十亿年前就开始了。

通过估算地壳内岩石的年龄，我们得到了相同的结果。也许你奇怪岩石怎么也会发生变化。实际上，许多种岩石中都有一种天然"时钟"，有经验的地质学家就可以靠它判断岩石自熔融状态凝固至今经历了多长时间。

而这个地质"时钟"就是微量的铀和钍。我们可以在地面及地下各个深度的岩石里找到它们。在《从一到无穷大——微观宇宙》第二章里我们已经说过，这些原子会自发进行缓慢的放射性衰变，并最终生成稳定的铅元素。

我们只需要测出由于长期放射性衰变而积累起来的铅元素的含量就行了。

这种方法的原理就在于，只要岩石处在熔融状态，放射性衰变的产物就会因扩散和对流作用而不断交换。一旦岩石凝固，放射性元素转变生成的铅就开始积累，其含量就可以准确地告诉我们冷却时间。这就好比特工知道了太平洋两座岛屿上的棕榈树林里的废弃啤酒瓶、罐头盒的数量，就可以判断出敌人舰队在这里驻扎过多长时间。

近年来，人们应用不断改进的技术，精确地测定了岩石中的铅同位素及其他不稳定同位素（如铷87和钾40）衰变产物的积累量，也就知道了最古老的岩石的年龄是约45亿岁。因此，我们得出结论：大约在50亿年前，地壳是由熔岩凝固成的。

我们能够想象出，在50亿年前地球是一个完全熔融的球体，外面有一圈稠密的大气层，大气层中有空气和水蒸气，还可能存在其他挥发性很强的气体。

这一大团炽热的宇宙物质从何而来呢？是什么力量促使它形成呢？这些有关我们的星球和太阳系内其他星球起源的问题，是天体演化学研究的基本课题，也是多少世纪以来天文学家脑海中挥之不去的疑问。

1749年，著名的法国博物学家布封首次尝试用科学的方法进行解答。布封在他的44卷巨著《自然史》中提出，行星系统产生于星际空间闯入的一颗彗星和太阳的碰撞。他用丰富的想象力生动地为人们描绘出了这样的场景：

一颗"司命彗星"拖着明亮长尾巴，从当时孤单的太阳的表面擦过，从它的巨大身躯上撞下一些"小块"，它们受冲击力的作用向下移动到附近的空间，并开始自转（图14a）。

a. 布封的碰撞说;　　　　　　b. 康德的气体环说

图 14　天体演化学的两种学派

2 康德—拉普拉斯假说

几十年后，德国哲学家**康德**提出了一个完全不同的观点。他认为各个行星是太阳自己创造的，而与其他天体无关。在康德的设想中，早期的太阳是一个较冷的巨大气团，有现在的太阳系这么大，并绕自己的轴缓慢转动。

由于向四周空间不断辐射出能量，这个巨大的球体不断冷却，从而逐渐地收缩。它旋转的速度也随之加快，由旋转产生的离心力变大了，这个原始的太阳不断被拉扁，最后在不断变大的赤道面喷射出一道道气体环（图14b）。

普拉多曾做过这样一个验证此过程的经典实验：他让一大滴油（而不是太阳那样的一团气体）悬浮在与之密度相同的另一种液体里，用特殊的机械装置使油滴旋转。当旋转速度足够快时，油滴外围就会形成油环。

康德就此假设，太阳是以这种方式形成的各个环，后来这些环又由于某些原因断裂、集中，形成了各个行星，它们就分布在和太阳不同距离的轨道上。

之后这些观点被著名法国数学家**拉普拉斯**吸收并进一步发展，于1796年发表在《宇宙体系论》一书中。

拉普拉斯（1749～1827）

法国数学家、天文学家。拉普拉斯在研究天体问题的过程中，创造和发展了许多数学的方法。以他的名字命名的拉普拉斯变换、拉普拉斯定理和拉普拉斯方程，在科学技术的各个领域都有着广泛的应用。

拉普拉斯是一位卓越的数学家，但在这本书里他没有使用数学工具，仅仅是给出了半通俗化的定性论述。

詹姆斯·克拉克·麦克斯韦（1831～1879）

英国物理学家、数学家。他主要从事电磁理论、分子物理学、统计物理学等的研究。他预言了电磁波存在——光，揭示了光现象和电磁现象之间的联系。1888年，德国物理学家赫兹用实验验证了电磁波的存在。

60年后，英国物理学家**麦克斯韦**首次尝试用数学方法解释康德和拉普拉斯的宇宙学说。但他遇到了十分棘手的问题。他的计算表明，如果太阳系的这几个行星源自曾经均匀分布在整个太阳系空间内的物质，那么这些物质的密度实在太低了，靠万有引力根本聚集不成各个行星。太阳收缩时会和土星一样将甩出的圆环将永远保持那种状态。土星外面是有一个环的，它由无数沿圆形轨道绕土星运转的小微粒组成，而我们也从未发现它们有"凝聚"成一个固态卫星的倾向。

接下来只能假设，太阳最开始抛出的物质远远多于现在行星含有的物质（至少是100倍），它们中绝大部分后来又回到太阳内，只有不足1%的成分留在外面，形成了各个行星。

但这种假设又导致了新的矛盾，并且新产生的矛盾比之前的还要严重。如果这99%的物质，带着与行星相等的运动速度，又落回到太阳上，那么太阳自转的角速度将是现在的5000倍！也就是说，太阳不会是现在这样每4个星期自转一周，而是一个小时转7圈！

看来康德—拉普拉斯假说已经错得无可救药了。因此，天文学家们又满怀期待地向另一个假说看去。在美国科学家钱伯伦、莫尔顿以及英国科学家金斯的努力下，布封的碰撞说复活了。

当然，人们对世界有了更加科学的认知，他们也对布封假说原有的观点做了相应修正。新的假说不再有与太阳相撞的那颗彗星，因为这时人们已经知道，彗星的质量与月球相比微不足道。取而代之，入侵者是大小和质量都与太阳相当的另一颗恒星。但是哪怕是避开了康德—拉普拉斯假说遇到的问题，这个假说也同样难以立足。

我们不明白一颗恒星与太阳猛烈碰撞后，为什么产生的碎块都会沿着近似圆形的轨道运动，而不是在空间中拉出一条很长的椭圆轨道？

人们又只好假设，在两颗恒星撞击的时候，太阳周围有一层旋转着的均匀气体。这些气体让细长的椭圆轨道变成了圆形。可是我们又没有在行星周围发现这类物质。只能再次假设，这些气体随后逐渐飘散出星际空间，在黄道（指公转的轨道平面与天体相交的大圆）附近看到的微弱的黄道光，就是这些气体飘散出去的样子。

　　这样一来得到的是一个混合的理论，其中既有康德—拉普拉斯的原始气体层假说，又有布封的碰撞假说。但它还不能令人完全满意。这就好比是矮子里面拔将军，碰撞假说现在就被认为是行星起源的正确学说，直到不久以前，所有科学论文、教科书和通俗读物中都提到了它（包括我自己的两本书《太阳的生与死》和《地球自传》）。

3

魏扎克的学说

直到1943年秋，年轻的德国物理学家**魏扎克**才很好地解决了行星起源理论中的矛盾。魏扎克的主要论点其实是建立在最近几十年中天体物理学家们对宇宙化学成分的颠覆性认知。曾经人们以为，太阳以及其他恒星的各化学元素占比与地球的相同。而对地球进行化学分析后得知，地球主要是由氧（以各种氧化物的形式）、硅、铁等重元素组成的，

魏扎克（1912～2007）

德国物理学家、哲学家。他主要在天体物理、天体演化和宇宙学等领域从事研究。他曾与海森伯、玻尔和薛定谔等著名物理学家一起工作。他提出了"贝特·魏扎克"公式，通过这个公式可以根据原子核的质子数和中子数计算原子核能量。

而氢、氦（还有氖、氩等稀有气体）等较轻的气体在地球上含量非常之少（地球上绝大部分的氢以它的氧化物，即水的形式存在。虽然水覆盖了地球$\frac{3}{4}$的表面积，但其总质量还是比地球小很多）。

过去的天文学家们没有其他更好的证据，只能假设这些气体在太阳和其他恒星内同样非常稀少。然而，丹麦天体物理学家斯特劳姆格林在详细研究了天体结构后得出结论，上述假设完全错误。事实上，太阳中至少有35%的成分是氢元素。后续研究又将这个比例增加到50%以上。

此外，太阳中还有一定量的氦。无论是对太阳内部所进行的理论研究（这在史瓦西的重要著作中已经趋于完美了），还是对太阳表面的精密光谱分析，都让天文学家们惊讶地认识到，地球上普遍存在的化学元素只占了太阳组成的1%左右，其余部分均是氢和氦，氢稍稍多一些。显然，这个结论同样适用于其他恒星。

而且人们还发现星际空间并非真空，而是充斥着气体和微尘，它们的平均密度大约为每1,000,000立方英里（约1,600,000立方千米）含有1毫克。这种弥漫空间、极其稀薄的物质和太阳及其他恒星的化学成分相同。

尽管这种物质的密度小得可怜，我们却很容易感知它们的存在。遥远的恒星发来的光在汇入我们的望远镜之前，要走过几十万光年，足以产生可观测的吸收光谱了。再通过这些"空间吸收谱线"的强度和分布，不难计算这些弥漫物质的密度，并且可以确认它们几乎完全是由氢（可能还有氦）组成的。其中各种"地球物质"的微尘（直径约0.001毫米），还不到总质量的1%。

对宇宙物质化学成分的最新认知有利于康德—拉普拉斯假说。那么，回到魏扎克的学说，如果太阳外围原有的气体层里正是这些物质，那就只有其中的1%，即较重的那些地球元素可以构成地球和其他行星，而无法聚集的氢气和氦气则会随之分离，或者落到太阳上，或者逸散到星际空间。第一种情况会使太阳的自旋速度大大加快，所以第二种说法应该是对的，即当"地球元素"形成各个行星以后，气态的"剩余物资"就向外逸散了。

由此我们得到了一个新的太阳系诞生景象：星际物质在逐渐凝聚成太阳，其中一大部分物质（大约是现在行星系总质量的100倍）仍留在太阳之外，形成一个巨大的旋转包层（旋转是因为星际物质向原始太阳集中时，各部分的旋转状态不同）。这个迅速旋转的包层由无法凝聚的气体（氢、氦和少量其他气体）以及各种地球物质的尘埃（如铁的氧化物、硅的化合物、水汽和冰晶等）组成，地球物质随着前者一起旋转。大块的"地球物质", 也就是各个行星, 则来源于微粒间不断地碰撞、汇聚。在图15中描绘了高速碰撞造成的后果。

数学计算可以告诉我们, 如果两块质量相近的微粒以这种速度相撞, 下场只能是粉身碎骨 (图15a), 碰撞产物不会变大, 反而更小了。但如果是一小块与一块很大的物质碰撞 (图15b), 小的那个就会嵌入大的之中, 新产物变得稍大一些。如果这两种过程一起进行, 微粒将逐渐减少, 聚合成大块物质。物块越聚越大, 并以更强的万有引力把周围的微粒聚合在一起, 这个过程不断加速。图15c中就是大块物体的俘获效应增强的场景。

魏扎克已经证明, 在现在行星系占据的空间中, 原本均匀分布的细微尘粒, 能够在几亿年的时间内汇聚成几个巨大的物质团, 即行星。

当这些行星在绕太阳行进的轨道上吞并大大小小的物质, 逐渐变大时, 表面一定会由于这些新物质的持续轰炸而变得十分炽热。一旦这些微尘和石块被吞并殆尽, 行星的增长随即停止。之后由于向空间辐射热量, 行星表面也迅速变冷, 形成一层固态地壳。辐射过程的持续会使地壳变得越来越厚。

079

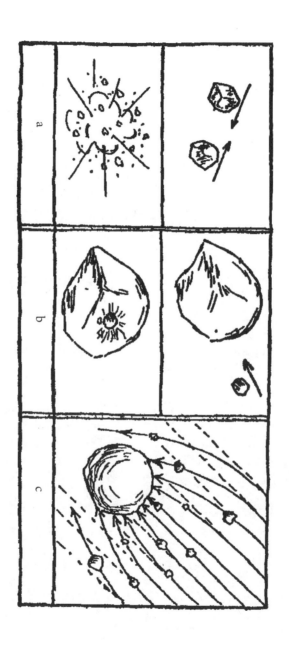

图 15 各行星高速碰撞造成的后果

4

提丢斯—波得定则

冥王星从九大行星中除名

2006 年 8 月 24 日，第 26 届国际天文联会通过第 5 号决议，由天文学家以投票正式将冥王星划为矮行星，自行星之列中除名。所以现在是八大行星。作者写作此书时，科学界认为太阳系有九大行星。

各种天体理论还需要解释另外一个重要的现象：各行星与太阳的距离呈现一种特殊的规律，即提丢斯—波得定则。我们来看看下面这张表，表中列出了太阳系的**九大行星**及小行星带与太阳的距离。小行星带是一大群由于特殊情况而没有凝聚成大行星的小块物质形成的圆环。

表中最后一栏数字特别有趣。虽然有一些出入，但都和2相差不多。因此，我们就有了这样一个大致规律：每颗行星的轨道半径都差不多是前一颗轨道半径的两倍。

行星到太阳的距离及其与前一行星到太阳的距离比

行星	到太阳的距离 （以日地距离为单位）	距离比
水星	0.387	
金星	0.723	0.86
地球	1.000	1.38
火星	1.524	1.52
小行星带	约2.7	1.77
木星	5.203	1.92
土星	9.539	1.83
天王星	19.191	2.001
海王星	30.07	1.56
冥王星	39.52	1.31

更有趣的是，这条定则同样在各行星的卫星中适用。例如，下表中所列土星的九个卫星与土星的距离就符合这条规律。

土星卫星到土星的距离及相邻两颗卫星的距离比

卫星名称	到土星的距离 （以土星半径为单位）	距离比
土卫一	3.11	
土卫二	3.99	1.28
土卫三	4.94	1.24
土卫四	6.33	1.28
土卫五	8.84	1.39
土卫六	20.48	2.31
土卫七	24.82	1.21
土卫八	59.68	2.40
土卫九	216.8	3.63

虽然在这张表中和太阳系中的情况一样，这种规律与实际情况差别不小（特别是土卫九）。但我们仍然相信这种分布规律有它背后的道理。

太阳外围原有的物质微粒为什么不形成一个单独的巨大行星呢？为什么这些行星有这种位置规律分布？

原始尘埃云中微尘的运动模式

5

接下来我们得探究原始尘埃云中微尘的运动模式。首先，一切物体，不管是散尘、陨石还是行星，都遵循牛顿定律沿椭圆形轨道运动，太阳在椭圆形轨道的一个焦点上。如果最开始的微尘直径为0.0001厘米（这是弥漫在星际空间中微粒的平均大小），那就是约10^{45}粒子在各个大小不同、离心率不同的轨道上运动。如此拥挤的交通中，粒子必定发生碰撞。整个系统在不断碰撞中逐渐变得有些规律。

如果碰撞没有让"肇事者"粉身碎骨，它就会被迫迁移到不那么拥挤的路线上。那么这种某种程度上"有组织的"交通有什么样的规律呢？

为了搞清楚情况，我们得先研究一群周期相同、绕太阳公转的粒子。它们中有一些是在一定半径的圆形轨道上，另一些则在细长程度各不相同的椭圆轨道上（图16a）。

让我们通过以太阳为圆心、粒子公转周期为周期的旋转坐标系（X，Y）来观察这些粒子的运动。在旋转坐标系上我们可以清楚地看到，沿圆形轨道运动的粒子A永远静止在一个点A'上，而沿椭圆形轨道行进的粒子B有时离太阳近，有时离太阳远；靠近太阳时角速度大，而远离时角速度小。所以在匀速旋转的坐标系（X，Y）中，B有时冲在A的前面，有时又落在后面。也就是说这个粒子的轨迹在旋转坐标系中是闭合的蚕豆形，在图16中用B'表示。

另一个粒子C的轨道更加细长，在坐标系（X，Y）中画出的同样是一个蚕豆形的轨迹，只不过它的蚕豆更大，用C'来表示。

那么如果这一大群粒子不再碰撞，各粒子在旋转坐标系（X，Y）中的蚕豆形轨迹肯定是没有交点的。

牛顿定律也告诉我们，相同运行周期的粒子和太阳的平均距离是相同的。因此，（X，Y）坐标系中各个粒子不再碰撞时，轨迹图就像一串环绕太阳的"蚕豆项链"。

你很可能会觉得上面的分析过程实在难以理解，实际上它

085

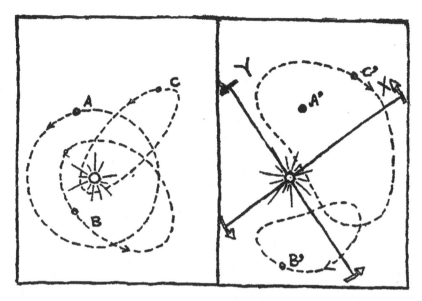

a.在静止坐标系中观察　　　　b.在旋转坐标系中观察

图16　以太阳为圆心粒子公转周期为周期的旋转坐标系
（X，Y）中的粒子运动

探究的是一个很简单的过程，通过这个过程，我们绘制出了一大
群与太阳的平均距离相同，因而旋转周期相同的粒子没有交叉的
交通路线图。当然我们也知道，绕太阳转动的粒子本身就有着不
同的平均距离，旋转周期也不同，因此实际情况就会更加复杂。
"蚕豆项链"不会只有一串，而是有很多串，这些项链以不同的
速度绕着太阳运动。魏扎克的精细计算表明，每一条"项链"必
须包括5个单独的旋涡系统才能维持系统稳定，也就是图17中描

绘的景象。按这样的轨道行驶，同一条项链内的"交通安全"就有了保障。然而各串"项链"旋转的速度并不相同，所以说在两条"项链"重合的地方还是会有"交通事故"发生。在这些项链重合的区域，大量的撞击就会导致微粒不断地汇聚，因而在这些特定距离上物质不断聚集。随着边界区域物质的逐渐积累，每条"项链"内的物质逐渐变少，这些物质也就形成了行星。

这段有关行星系统形成过程的描述，简明地解释了行星轨道半径呈现的规律。如果我们就这种规律做一些简单计算，就知道图17中各条"项链"的边界半径符合几何级数分布，每一项都是前一项的两倍。我们还知道了为什么这条规律无法精确成立，因为还没有发现一条决定微粒运动方式的严格定律，我们知道的只是不规则运动的一种趋势。

这条规律在太阳系各行星的卫星系统中同样适用。事实上，卫星基本上也都是按这种方式形成的。当太阳周围的原始微粒形成各个分立的微粒群，行星即将诞生时，上述过程会在各群粒子中重复：微粒群中的大部分粒子会集中在中心形成行星，其余部分则会在外围运转，再逐渐聚成卫星。

微粒的碰撞和聚集形成行星已经没什么问题了。但我们不能忘记原来约占太阳包层中99%的气体去向何处。这个问题其实就不是很难回答了。

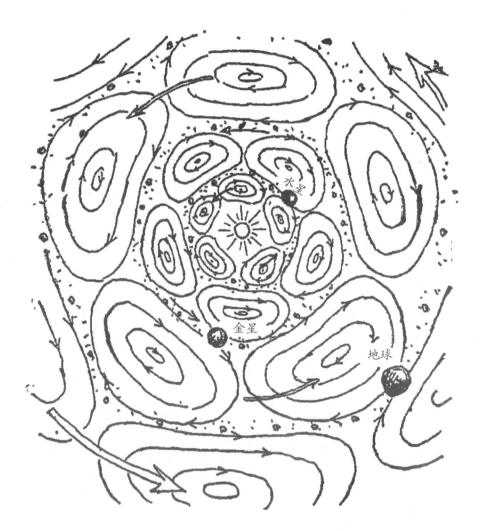

图 17　初始阶段的太阳包层中的微尘轨道

当微粒不断碰撞、越聚越大时，无法参与其中的气体会逐渐弥散到星际空间中去。计算过程并不复杂，弥散需要大约1亿年的时间，和行星生成所需的时间差不多。因此，在各行星产生的同时，太阳包层的大部分氢和氦都逸散出太阳系，只剩下极其少的一部分，也就是我们之前提到的黄道光。

魏扎克还有一个重要结论：行星系的形成并非偶然，而是在所有恒星周围都必然发生的。而碰撞理论则认为，行星的形成在宇宙中极其罕见。计算结果得出，把银河系的400亿颗恒星放在几十亿年的历史里看，最多只有几起恒星碰撞事件发生。

魏扎克的理论就完全不一样了。他指出每颗恒星都有专属的行星系统。仅仅是在我们的银河系内部，也有数以百万计的行星，它们具有各种和地球基本相同的物理条件。如果在这些"宜居"的地方没有生命存在，也没有发展到较高阶段，那才是一件怪事！

而我们已经了解到最简单的生命，如各种病毒，不过是由碳、氧、氢、氮等原子组成的复杂分子而已。任何新形成的行星体表面都大量存在这些元素。所以我们可以相信，一旦固态地壳生成，大气中大量的水蒸气降落到地面并汇聚在一起，机缘巧合之下，这些分子迟早可以由组成它的那些原子按照一定次序排列生成。当然，这些分子的结构很复杂，形成的概率也就极低，就像摇动一盒七巧板得到想要的图案那样。另外，我们也得知道，不断相撞的原子是如此之多，可用的时间又如此漫长，这件事终归会发生。生命在地壳形成后不久就出现在我们的地球上了，所以说尽管看起来不可能，但复杂的有机分子确实能在几亿年的时间内偶然生成。一旦这种最简单的生命形式在新行星的表面诞生，它们的繁殖和逐步进化，必然会带来越来越复杂的生物体（关于地球上生命的起源和进化的详细论述，参见作者的另一本著作《地球自传》）。

至于在各个"宜居"的行星上生命的进化是否也遵循着和地球上一样的过程，我们还不甚了解。如果能对这些地方的生命进行研究，我们将能从根本上了解进化的历程。

不久的将来，我们可以乘坐"核动力空间飞船"进行进一步的探险旅行，去火星和金星（太阳系中最为"宜居"的行星）探究那里是否有生命存在。至于在几百、几千光年之外是否存在生命？那里的生命是如何存在的？恐怕科学无法解答了。

寻找生命的旅程

如果你有心寻找，可以发现在20世纪，那些现在看来非常原始的科幻电影中时常出现火星人和金星人的身影，有时他们甚至还会到夹在中间的地球打上一架。

为什么在我们今天看来这些都是不可能的呢？因为正是从那个年代开始，人们开始了一场对这两个比邻星球的大胆探索，这正是源于寻找生命、寻找我们的邻居的渴求。而现实则无情地摆在我们面前。

在20世纪中叶，由于美国和苏联航天技术的高速发展，这种触及每个方面的太空竞赛也延伸到了近地行星探索的领域。美、苏、欧洲各国相继发射了一个个探测器到离地球最近的两颗行星——金星和火星上。

人类首先到达的是火星。在绕火星探测器和一些落地探测器回传的数据中，人们发现，这颗行星的质量太小了，小到无法留住它的大气层，所以如今它的大气只有稀薄的一层。这显然无法给生命提供呼吸的支持。

为什么我们说是留住大气层呢？因为在火星形成之初应该是有大气层的，就像地球那样，但其较小的质量及对应的铁核无法形成足够强大的磁场保护大气层免受太阳风的侵害。所以可以理解为，太阳这个不平静的星球时常打个喷嚏，也就是耀斑的发生，刮出的太阳风将火星的大气都吹跑了。

最新的研究甚至还表明，火星地貌中有一些与地球河谷非常类似的地方，也就是说火星上甚至一度存在液态水！那么生命呢？火星上是否曾经有生命呢？我们还要继续探究下去。

而一个又一个"奔赴"金星的探测器告诉我们：虽然金星只比地球近一些，其表面温度却高达400℃左右。这是由于其浓厚的大气层中布满了二氧化碳，形成了程度可怕的温室效应。金星的大气中还有不少的硫酸成分，也就是说如果金星下雨，那么从天上滴下来的不是水滴，而是硫酸。如此恶劣的环境显然不适合生命存在了。

　　那么，我们在太阳系内寻找生命的旅程是否就此终结呢？还没有。我们知道液态水对于地球上生命的产生、发展都是至关重要的，可以说是生命的基础之一。而这个条件就对应了生命的存在需要十分严格的温度要求。

　　近些年来，人们通过不断发射的探测器发现：在土星和木星的一些卫星中，虽然有些离太阳很远，想来会十分寒冷，但由于它们围绕旋转的巨大行星的引力作用使得其内部温度可能是适于生命存在的。其中对于土卫六泰坦和木卫二欧罗巴的探索还在继续当中。

而朝向更远的方向，人们也在通过更加先进的手段来探索地外行星的存在，不只局限于太阳系，而是银河与更远的星系。

例如开普勒项目中发现的类地行星开普勒-452b，就被认为有可能是适合生命居住的。而朝着更广阔的方向，人们也在尝试用不同的方法寻找太空中是否有生命存在。

恒星的私生活

CHAPTER 5

我们可以很容易地将这一有关太阳能量的学说推广到大部分恒星上去。我们可以得到这样的结论：不同质量的恒星，具有不同的中心温度，因而释放能量的速率也不同。

太阳能量的来源 1

现在，我们已经了解了恒星是如何拥有自己的行星家族的，紧接着我们就来看看恒星本身是什么样的了。

恒星的生平如何？它们又是怎样诞生、演化以及最终走向结局的呢？我们不妨从离得最近的太阳着手研究，因为在银河系几十亿恒星中，它的存在十分具有代表性。

首先，我们知道，太阳的寿命很长。古生物学的资料表明，在过去的几十亿年里太阳的光照强度都没有发生什么改变，这也是地球上的生物不断演化的条件。任何普通能源都无法做到在这样长的时间内持续提供如此多的能量，因而太阳的能量源头一直是科学界最令人困惑的问题之一。直到不久以前，人们发现了元素的放射性和人工核反应，才意识到了这种潜藏在原子核深处的能量是如此巨大。在《从一到无穷大——微观宇宙》第二章中我们提到，几乎可以将每一种化学元素都视为潜在的、蕴含巨大能量的燃料，在这些元素达到几百万摄氏度高温时，这些能量就会释放出来。

科学家在实验室里几乎无法获得这样的高温，但在星际空间里，这样的温度却十分稀松平常。以太阳为例，它的表面温度只有6000℃，但深入其中就会发现，温度逐渐升高，中心部分甚至达到2000万℃的高温。其实这个数字不是很难算出来，根据太阳表面温度，再加上已知的太阳内气体的热传导性质就足够了。正像我们知道了一个热土豆表面温度有多高，又知道土豆的热传导系数，不需要把它切开，就能算出它内部的温度。

综合考虑核反应的具体过程和推算出的太阳中心温度，我们就能知道太阳释放的能量来自哪些反应。这些重要的反应叫碳循环，由两位对天体物理学感兴趣的核物理学家贝蒂、魏扎克同时发现。

太阳的能量主要来自一系列互相关联的热核反应，而非某种孤立的反应。我们把这一系列转变称为一条反应链。其最有意思的地方就在于，它是一条闭合链，在进行了6步反应之后，就回到了反应的起点。图18是这个反应链的示意图，从中可以看到，这个循环反应的主要参与者是碳核、氮核以及与它们碰撞的高温质子。那我们就从碳开始看这条反应链。

1.普通碳（^{12}C）和一个质子发生碰撞，形成了氮的轻同位素（^{13}N），并通过 γ 射线释放一些原子核能。核物理学家们非常熟悉这个反应，并且已经在实验室的人工加速器中用高能质子实现了它。

2.^{13}N 的原子核并不稳定，它会发生自我调整，放出一个正电子（即 $β^+$ 粒子），从而变成比较稳定的碳的重同位素（^{13}C）。煤炭中就含有少量的 ^{13}C。

3.这个碳同位素的核再与一个质子碰撞，伴随着强烈的 γ 辐射，它将变成普通的 ^{14}N（我们也可以从 ^{14}N 开始，描述这个反应链）。

4.这个 ^{14}N 核再碰上一个（这是第三个了）高能质子，就变成了不稳定的氧同位素 ^{14}O，马上，它也放出一个正电子，变成稳定的 ^{15}N。

5.这之后，^{14}N 再撞击第四个质子，就会分裂成两个不相等的部分，一个是反应最开始时 ^{12}C 的原子核，另一个是氦核（α 粒子）。

总结一下这个反应，在循环的反应链里，碳原子和氮原子总在不断地产生，借用化学当中的概念，它们只起催化剂的作用。所以说，实质上这个反应是陆续参与反应链的4个质子变成1个氦原子核。我们可以这样概括全过程：氢在高温下，被碳和氮催化，转变为氦。

贝蒂可以证明，在2000万摄氏度的高温下，这种循环反应释放的能量正好等于太阳实际辐射的能量。而其他各种可能发生的反应的计算结果都与天体物理学的观测不符。所以我们知道，太阳能主要来自碳、氮循环。

在太阳内部的温度条件下，完成图18中这样一个循环差不多要用500万年。每当这样一个周期结束时，碳（或氮）的原子核就恢复到500万年前进入循环时候的状态。

曾经有人认为，太阳的热量来自煤的燃烧。在我们了解了碳在整个过程中起的作用后，这句话仍然是对的，只不过这里的"煤"不是真正的燃料，它扮演了类似神话中"不死鸟"（埃及神话中的一种神鸟，每过500年即投火自焚，在灰烬中再生）的角色。

而且我们要知道，太阳释放能量的速率主要由中心温度和密度决定，同时也和内部氢、碳、氮的含量有一定关系。由此我们

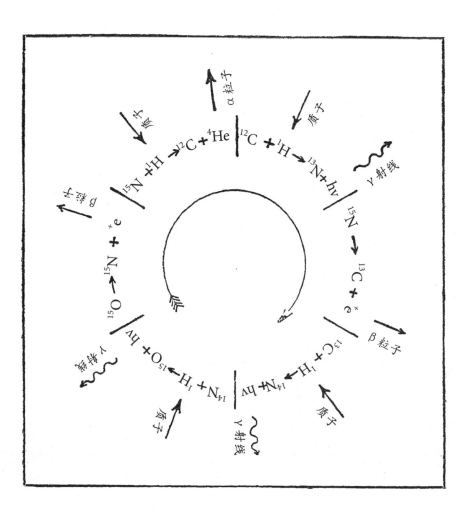

图 18　太阳的能量产生于这条循环的反应链

就想到了一种方法：选择不同浓度的反应物，使它发出的光度与太阳的观测值相符，从而分析出组成太阳气体成分。这一办法是史瓦西提出的。他由此发现太阳中大多数物质是纯氢，氦比总数的 $\frac{1}{2}$ 略少，其他元素只占很少的一部分。

"主星序"恒星的能量来源

2

我们可以很容易地将这一有关太阳能量的学说推广到大部分恒星上去，从而得到这样的结论：不同质量的恒星，具有不同的中心温度，因而释放不同能量的速率。例如，波江座O_2C的质量是太阳的$\frac{1}{5}$，它的光度只有太阳的1%左右；而大犬座α（也就是天狼星）是太阳的2.35倍重，它的光度比太阳高40倍。更大的恒星如天鹅座Y380的质量是太阳的40倍，因此它要比太阳亮几十万倍。

上述例子体现出光度随质量的增大而变强的关系，都可通过

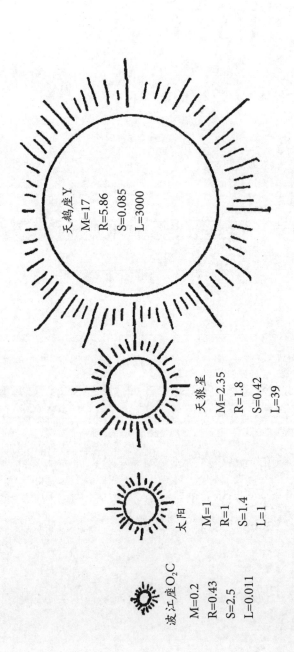

天鹅座 γ
M=17
R=5.86
S=0.085
L=3000

天狼星
M=2.35
R=1.8
S=0.42
L=39

太阳
M=1
R=1
S=1.4
L=1

波江座 O_2C
M=0.2
R=0.43
S=2.5
L=0.011

图 19　属于主星序的恒星

高温下碳循环反应速率会增大给出令人满意的解释。

我们还发现，在属于"主星序"的恒星中，它们的半径随着恒星质量的增大，增长更快。例如，波江座O$_2$C的半径是太阳半径的0.43倍，天鹅座Y380的半径则为太阳的29倍，它们的平均密度则随之减小，波江座O$_2$C为2.5，太阳为1.4，天鹅座Y380为0.002。图19列出了属于主星序的一些恒星的数据。

因此这是一些质量可以决定其半径、密度和光度的"正常"恒星，除此之外，天文学家们还在星空中发现了一些完全不遵从这种简单规律的星体。

3

其他恒星的能量来源

　　我们首先得说说所谓的"红巨星"和"超巨星"，它们的质量和光度与"正常"恒星相同，但体积却要大得多。图20中有几个这样的异常恒星，分别是御夫座α、飞马座β、金牛座α、猎户座α、武仙座α和御夫座ε。

　　这些恒星有着出乎意料的大尺寸，显然是由于某些我们还不清楚的内部作用力造成的。这类恒星的密度远比一般恒星要小。与这些"浮肿"恒星恰好相反，还有一类收缩得很小的恒星叫作"白矮星"。

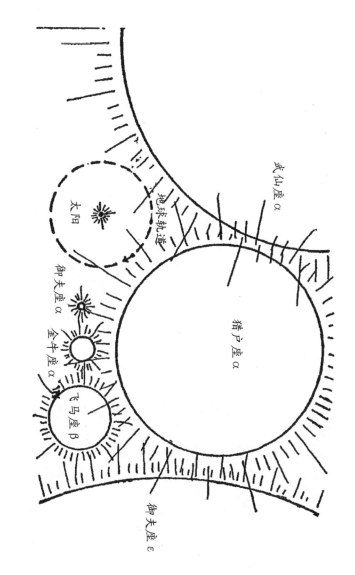

图 20　比较巨星，超巨星与地球轨道的大小

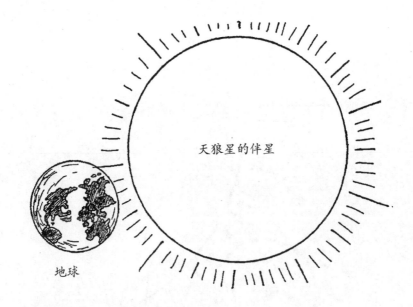

天狼星的伴星

地球

图 21　比较白矮星与地球

　　图21中就有一颗白矮星，同时还用地球和它进行比较。它是天狼星的伴星，直径是地球的3倍，却和太阳的质量差不多，所以说它的平均密度是水的50万倍。毫无疑问，这种白矮星正是恒星耗尽了所有可用的氢燃料后，在它风烛残年之时达到的状态。

　　我们证明了恒星的能量来自氢产生氦这一缓慢的核反应过程。当恒星还年轻、刚刚诞生于星际弥漫物质时，氢元素占整体质量的比例超过50%。所以我们知道，恒星的寿命很长很长。例如，人们根据太阳的光度估算出它每秒钟要消耗6.6亿吨氢。太阳的质量是2×10^{27}吨，氢占其质量的一半，因此，太阳的寿命将会是15×10^{18}秒，也就是500亿年！太阳现在只有三四十亿岁，因此，它还很年轻，还能维持现在的亮度继续燃烧几百亿年呢！

质量越大的恒星光度也越大，这样，恒星消耗氢的速度要快得多了。以天狼星为例，它的质量是太阳的2.3倍，因此它原有的氢燃料也是太阳的2.3倍；但它的光度却是太阳的39倍。在相同的时间里，天狼星将消耗掉相较于太阳39倍的燃料，而原有的储存量只有太阳的2.3倍，因此，天狼星只要30亿年就会把燃料用光。而那些更亮的恒星，如天鹅座Y380（质量为太阳的17倍，亮度为太阳的30,000倍），还剩下不到1亿年的氢储存量。

一旦恒星内的氢消耗殆尽，它们会变成什么样子呢？

恒星一旦失去这种长期支持自身的核能源，必然会发生收缩，因此，在以后的各个阶段，它的密度会越来越大。

天文观测中发现了一大批这样的"萎缩恒星"，它们的平均密度都是水的几十万倍以上。由于它们的表面温度很高，会发出明亮的白光，和主序星中发黄光或者发红光的恒星有着明显的不同。但是由于这些恒星的体积很小，发光的面积也就不大，总光度因此相当低，比太阳要低几千倍。这类处于演化末期的恒星就是天狼星伴星那样的"白矮星"，这个"矮"字既有几何大小层面的意义，又有从光度层面的意义。再经过一段时间的演化，白矮星将逐渐失去光辉。最后，变成一颗冰冷的星球"黑矮星"，普通的天文观测就无法发现它们了。

新星爆发和超新星爆发

不过还是要知道，并非所有"年迈"的恒星在消耗了所有氢燃料后，都会十分平静祥和地收缩、冷却。有些行将就木的恒星还会在"入土"之前发生极大的突变，如同在对命运进行反抗。

这类突变式的事件，即新星爆发和超新星爆发，是天体研究中最令人感到兴奋的课题之一。一颗这样的恒星，原本看起来和其他恒星没什么区别，却可以在几天时间内亮度增长几十万倍，表面温度迅速蹿升到极高。通过观察它的光谱变化，可以知道它的星体在迅速膨胀，最外层的扩张速度甚至达到每秒钟2000千米。

但是这种暴涨只能维持一段非常短的时间，迅速达到极大值后，它就慢慢地趋于平静。一般来说，这颗恒星会在爆发后一年左右的时间内恢复原来的光度。而在这以后很长一段时间内，它的辐射强度还会持续发生小的变化。虽然恢复了光度，它的其他方面却会发生改变。爆发时和星体一起迅速膨胀出去的一部分气体还会继续向外运动。因此，这颗星就有了一层气体外壳，这层外壳不断扩大发光。目前，我们只观测到了一颗爆发前新星的光谱，而且仅就这唯一的资料也不完整，我们无法确定它的表面温度和原始半径。所以说，关于这一类恒星是否还会持续演化，我们还是缺乏观测实证。

还有一类就是所谓的超新星。通过对它们的爆发进行观测，我们对这一过程的产物有了比较清晰的了解。这样巨大的爆发在银河系内几个世纪才发生一次（一般的新星爆发每年大约发生40次），爆发时的光度是一般新星的几千倍。

在光度达到极大值时，一颗超新星发出的光可以和整个星系相比。1572年，**第谷**观测到了白天都能见到的星星（指仙后座超新星），1054年，中国天文学家

第谷·布拉赫

（1546～1601）

丹麦天文学家和占星学家。他在1572年11月11日发现了仙后座中的一颗新星，并提出过一种介于地心说和日心说之间的宇宙结构体系。同时第谷还编制了一部恒星表，准确性非常高，至今仍有价值。

沃尔特·巴德

（1893～1960）

德国天文学家。他提出了两类星族的概念，正确区分了两类造父变星，并对宇宙距离的尺度做出了重要修正。除此之外他还发现了已知最靠近太阳的小行星伊卡鲁斯；并得出了新的周光曲线，在这条曲线上证明了一定周期的恒星会更加明亮。

也曾观测到客星、蛇夫座超新星，它们都是典型的银河系超新星。

我们在1885年于仙女座星云附近发现第一颗河外超新星，它的光度是其所在星系中所有已知新星的上千倍。

虽然这类大爆发很少发生，但由于**巴德**和兹维基首先认识到了这两种爆发明显的区别，并对各个遥远星系中出现的超新星展开了系统性研究。近年来，我们对超新星的性质已有了相当多的了解。

与普通的新星爆发相比，超新星爆发时的光度非常之大。但在许多方面两者又很相似：描绘两者光度先迅速增强然后缓慢减弱的光度曲线形状相同（当然比例尺是不同的）；超新星爆发也会产生一个迅速扩张的气体外壳，只不过这个外壳所含的物质要比新星爆发时产生的多得多；新星爆发产生的外壳会很快在空间中弥散，而超新星抛出的气体外壳却在爆发的空间内形成光度很强的星云。例如，在1054年超新星爆发的位置上，就留下了现在看到的"蟹状星云"。它是由爆发时喷出的气体壳形成的（见照片Ⅱ）。

照片Ⅱ 蟹状星云

（照片来源：W.贝特，威尔逊山天文台）

　　我们还可以找到这颗超新星爆发残留的其他证据。就在蟹状星云的正中心，我们可以看到一颗昏暗的星星，也就是一颗高密度的白矮星。一切证据都表明，超新星爆发和新星爆发十分类似，只不过从许多层面看，前者的规模要大很多。

5

星体坍缩的原因

在欣然接受新星和超新星的"坍缩理论"之前，我们还得再问一问：为什么整个星体会这样猛烈地坍缩？根据目前十分可信的论述，是这样一个过程：恒星由大量的炽热气体构成，它们能够维持的平衡状态，有赖于其内部炽热气体的极高压，这些高压气体与万有引力达到平衡。只要恒星中心的"碳反应循环"还能持续，它就能够让星体表面源源不断地辐射出能量。因此整体上看恒星就能维持形态的稳定。

不过一旦氢元素消耗殆尽，就没有能量维持气体的极高压力，星体就会在重力作用下收缩，并把自己的重力势能转变成辐射能。而星体内的物质都是热的极不良导体，热能从内部传导至表面的过程异常缓慢，所以这种重力作用的收缩进程也相当缓慢。

以太阳为例，计算表明，要使太阳的直径收缩到现在的一半，至少需要1000万年。不管是什么因素加快了星体的收缩过程，都会使星体释放出更多的重力势能，引起内部温度和压力的增加，从而减缓收缩的速度。所以说，要想实现新星和超新星那样的迅速坍缩，唯一的方法是运走收缩时内部释放的能量。比如，假设星体内部物质的热传导率变大几十亿倍，它的收缩速度也变大相同的倍数，一颗恒星就会在几天之内坍缩。不过现有理论确切表明：物质的热传导率是有关密度和温度的确定函数，想要把它减小数百倍，哪怕几十倍，几乎是不可能的事情。

我和我的同事沈伯格提出了这样一个看法：

星体坍缩的真正原因在于形成了大量的微子。

中微子是一种微小的核粒子，整个星体对于它就如同一块玻璃那样透明。所以它刚好可以从正在收缩的恒星内部带走多余能量，从窃能小贼变成能量搬运工。不过我们还需确认，收缩星体炽热的内部是否会产生中微子，以及是否有足够多的中微子。

在俘获高速电子时，很多种元素的原子核会发射出中微子。当原子核内进入一个高速电子时，会马上放出一个高能中微子。原子核得到电子后，变成原子质量不变的另一种元素的不稳定核。由于它是不稳定的，很短暂的一段时间之后，它就开始衰变，同时放出一个电子和一个中微子。这个过程还能这样继续下去，并源源不断地产生中微子（图22）。这个过程被我们叫作尤卡过程。

如果收缩中星体内部的温度很高、密度很大，中微子能造成的能量损失也会很大。例如，铁原子核在俘获和发射电子的过程中，转换成中微子的能量高达10^{11}尔格/克/秒（一种功和能量的单位，现在已经很少用。1尔格等于10^{-7}焦耳。）。如果是由氧（它所产生的不稳定同位素是放射性氮，衰变期为9秒）组成的恒星，失去的能量则能到10^{17}尔格/克/秒这么多。在这样的情形里，能量释放得快到离谱，恒星只需要25分钟就能完全坍缩。

由此可见，中微子辐射带走能量的假说完全可以解释星体坍缩为什么这么快。

有这样一种设想：由于星体内部气体的压力不够大，外围的大量物质就会在重力作用下向中心下沉。而恒星各部分一般都在以不同的速度旋转，坍缩过程因此无法步调一致，极区（靠近旋转轴的部分）物质先落入内部，这样就会挤出赤道区的物质

118

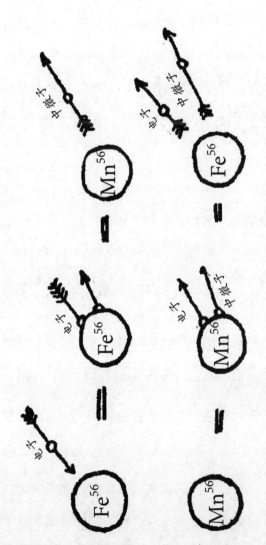

图 22 在铁原子核中发生的尤卡过程可以持续不断地产生中微子

（图23）。

那么，原先埋在深处的物质就被挤了出来，还被加热到几十亿摄氏度的高温。这个温度会使星体光度骤增。随着这个过程不断推进，原先那颗恒星中收缩进去的部分就紧紧压缩成密度极大的白矮星，而被挤出来的那部分则逐渐冷却，继续扩张，变成像蟹状星云那样稀松的状态。

图 23　超新星爆发的早期和末期

混沌的初始和膨胀的宇宙

　　根据目前已知的最可靠的星系质量的数据，各个互相远离的星系具有的动能是其重力势能的好几倍。因此，我们大概可以下结论，宇宙会无限地膨胀下去，而不会被万有引力再拉回来。但是，有关宇宙的数据都不是很准确，将来的研究成果很可能会把这个结论完全颠覆。

1

宇宙的初始

如果把宇宙看成一个整体，我们就不得不面对这样一个问题，它是否会随时间进程而演化？宇宙在过去、现在和将来都一直是我们现在见到的这个样子呢，还是会按照某种历程不断地演化呢？

从科学的各个不同分支中总结经验，我们的结论是肯定的，宇宙一直在不断地发生变化。早已不复存在的过去、现在、遥遥无期的未来，将是三种差异极大的状态。汇总各个学科的大量事实还能知道，我们的宇宙有过一个开端。从那里开始，宇宙不断地演化，发展成现在这个样子。我们知道，太阳系已经有几十亿岁了，各个独立研究中都不断地验证这一结果。太阳的强大吸引力将地球上的一块物质撕扯下来，形成月球，同样也应该发生在几十亿年前。

而通过对一颗颗恒星的进化进行的研究（见上节）可以知道，我们在夜空中看到的大多数恒星的年龄也都有几十亿岁。通过对恒星运动的系统研究，特别是对双星（由两颗绕着共同的中心被转的恒星组成）、三合星（两层双星系统的叠套）和更复杂的系统相对运动的探讨，天文学家们认为这几种结构的存在时间不会长于几十亿年。

我们还有另外一项证据，即各种化学元素，特别是钍、铀之类缓慢衰变的放射性元素至今仍然大量存在。它们的存在使我们相信，这些放射性元素要么还在由其他轻元素的原子核不断合成，要么就是"宇宙货架"上的上古时期的存货。

我们目前所具有的核反应知识否定了第一种可能性。因为即使在最热的恒星内部，其温度也没能达到生产出新的重原子核的程度。我们已经知道恒星内部只有几千万摄氏度，但想要用轻元素的原子核生产出放射性的重原子核，至少要有几十亿摄氏度才行。

因此，我们必须假设，这些重元素的原子核是宇宙中某个曾经的时代产生的。在那个特殊时代，所有的物质都受到极为恐怖的高温和高压的作用。

我们能够大致算出这个宇宙的"炼狱"时期。已知钍的半衰期是180亿年，铀238的半衰期是45亿年，迄今为止它们还没有大量衰变，因为它们目前的数量还和别的稳定元素大致相当。而铀235的半衰期只有5亿年左右，它的数量就比铀238少140倍。钍和铀238的大量存在说明，这些元素的形成差不多距今数十亿年。结合含量较少的铀235，我们还能进一步计算这个时间，因为这种元素每5亿年就减少一半，所以必须要经过7个半衰期，也就是35亿年，才能减少为原来的 $\dfrac{1}{128}$，因为：

$$\frac{1}{2} \times \frac{1}{2} \times \frac{1}{2} \times \frac{1}{2} \times \frac{1}{2} \times \frac{1}{2} \times \frac{1}{2} = \frac{1}{128}$$

从核物理学角度出发进行的这种计算，得到的结果与根据天文学数据算出的星系、恒星和行星的年龄极为符合！

2 星系的红移

几十亿年前，我们熟知的一切刚刚开始形成的时候，宇宙处在什么样的状态呢？它又经历了什么变化，才变成了今天的样子呢？

在研究"宇宙膨胀"现象时，天文学家们很好地回答了这两个问题。

宇宙庞大的空间中分布着数量众多的巨大星系，包含太阳和其他几百亿颗恒星的银河系只是其中一个，在我们目力所及的范围内（当然是在200英寸望远镜的帮助下），这些星系基本上是均匀分布的。天文学家哈勃在对来自遥远星系的光线进行研究时，发现它们的光谱都轻微地向红端移动；而且随着星系的距离越远，这种"红移"就越大。实际上我们发现，各星系"红移"的大小跟它们与我们的距离成正比。

对于这种现象，最自然的解释莫过于假设一切星系都在远离我们，离开的速度随距离的增大而增大。这就源自"多普勒效应"。当光源靠近时，光的颜色会向光谱的蓝端移动；当光源远离时，光的颜色会向红端移动。光源与观察者之间的相对速度必须很大，才能保证获得明显的谱线移动效果。伍德教授曾因在美国巴尔的摩市驾车闯红灯时被拘捕。他对法官说，由于我们上面所说的效应，他在汽车驶向信号灯时，把信号灯射出的红光看成绿光了。

这就纯粹是在戏弄法官了。如果法官的物理成绩不错，那他就得问一问伍德教授，要把红光看成绿光，需要多快的行驶速度，然后再以超速行车的理由做出判决！

再回到星系的"红移"问题上来。我们肯定会因此感到疑惑：为什么所有可见的星系都在远离银河系呢？难道银河系是一个让所有人害怕的恶魔吗？如果真的是这样，我们的银河系又具有什么吓人的特征呢？为什么只有它如此独一无二呢？

再去仔细思考一下就不难发现，银河系本身并没有什么特

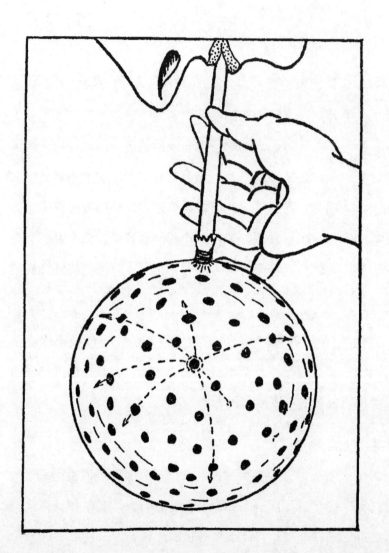

图 24 当气球膨胀时，上面的每一个点都与其他各点越来越远

殊，别的星系也没有刻意逃离我们，只不过是所有的星系都在远离彼此而已。

想象一个气球，上面涂有一个个小圆点（图24）。如果向这个气球吹气，它不断地膨胀，各点间的距离就会增大。如果一只蚂蚁在上面任何一个圆点上，那么它就会认为，它之外的所有点都在"逃离"它所在的这个点。而且在这个膨胀的气球上，各点远离蚂蚁的速度都与它们之间的距离成正比。

这个例子很能说明问题。哈勃望远镜观察到的星系不断地远离，和银河系所处的位置或者它的什么性质并没有关系，这个现象只是因为均匀分布着星系的宇宙空间在进行普遍而均匀的膨胀。

根据观测到的膨胀速度和如今各相邻星系间的距离，不难算出膨胀至少在50亿年前就开始了。而哈勃的原始数据是：两个相邻星系的平均距离为170万光年，即1.6×10^{19}千米。各相邻星系之间相对退行的速度为300千米/秒左右。假设宇宙是均匀膨胀的，它膨胀的时间就是：

$$\frac{1.6 \times 10^{19}}{300} = 5 \times 10^{16}秒 = 1.8 \times 10^{9}年$$

根据新取得的数据计算，结果要大于上面的数据。

在这之前，当时的星云（也就是现在的各个星系）正在孕育着数不清的恒星。往前倒回一点儿，这些恒星也都紧紧挤在一起，也就是宇宙中充满了连续的炽热气体。再往前，这些气体越来越密集，温度越来越高。显然，这就是各种元素（特别是放射性元素）产生的时代。继续往前倒回，宇宙中的物质都处于极其炽热且致密的状态，也就是我们在《从一到无穷大——微观宇宙》第二章提到过的那种核液体。

宇宙的进化过程

3

现在让我们按时间顺序捋一捋宇宙的演化进程吧。在宇宙历史的开端，也就是宇宙的胚胎阶段，今天威尔逊山望远镜（观察半径为5亿光年）能看到的一切物质都被压缩在了一个球体内，这个球体的半径是太阳半径的8倍。那么当时的宇宙半径是多少呢？可以根据下面的计算得出。

核液体的密度为10^{14}克／厘米^3，空间物质的密度为10^{-30}克／厘米^3，所以宇宙的线收缩率为：

$$\sqrt[3]{\frac{10^{14}}{10^{-30}}}=5\times10^{14}$$

也就是说5×10^3光年的半径在当时只$\dfrac{5 \times 10^8}{5 \times 10^{14}} = 10^{-6}$光年，即1000万千米。

宇宙极其致密的状态无法长期维持下去。在膨胀持续两秒后，宇宙的密度就是水的几百万倍，几小时后就会和水的密度相等。差不多也就在这个时候，原先连续的气体开始形成一个个分立的气体球，也就是如今的恒星。

在不断膨胀的过程中，这些恒星相互远离，形成各个星云，也就是现在的星系。而这些星系至今仍在向着不知边际的宇宙外围不断扩散。

我们还得继续追问下去：是什么力造成了宇宙不断地膨胀呢？将来的宇宙会不会停止膨胀，转而开始收缩呢？宇宙是否有可能返回来，把银河系、太阳、地球和人类重新挤成原子核密度的原始物质呢？

根据目前最可靠的结论，这种状态不会再出现了。很久以前，在宇宙进化的早期，宇宙打破了一切束缚自己的锁链，这个锁链就是阻止宇宙间物质分离的重力，从而开始了膨胀。因此宇宙还会遵循惯性定律继续膨胀下去。

我们可以举一个简单例子来说明。假设我们要从地球表面向星际空间发射一枚火箭。曾经所有的火箭，包括著名的V2火箭

（二战中德国研制的第一枚大型火箭导弹，也是世界上最早投入实战使用的弹道导弹。）在内，都没有足够的推力让它进入宇宙空间；在它们上升途中就会被重力拽回到地球上。但是，如果我们制造的火箭足够强劲，使它的起始速度超过每秒钟11千米，这枚火箭就可以摆脱重力的影响，进入宇宙空间，并自此毫无阻碍地运行下去。11千米/秒的速度通常被称为克服地球重力的"**逃逸速度**"。

> **逃逸速度**
>
> 这里的速度被称为"第二宇宙速度"，指能摆脱地球的引力，在太阳系中航行的速度。想要真正在宇宙空间中遨游至少要达到"第三宇宙速度"才能摆脱太阳的引力，也就是约16.7千米／秒。

设想有一发炮弹在空中爆炸，它的碎片向四面飞散（图25a）。爆炸时产生的力超过了想把它们拉到一起的引力，所以弹片可以彼此飞离。

当然，我们举的这个例子里弹片之间的引力作用极其微弱，完全不会影响它们在空间中的运动，因而可以忽略掉。但是，如果这种重力很强，弹片就会在运动中途回过头来，落回它们的共同重心（图25b）。它们到底是落回来，还是继续飞散，取决于它们的动能和重力势能的相对大小。

图 25　炮弹在空中爆炸的两种情形

用炮弹片替换星系，就会出现前文提到的膨胀宇宙的景象。

各星系的巨大的质量同时就意味着巨大的重力势能，使之与动能具有可比性（动能与运动物体的质量成正比，势能却与质量的平方成正比），所以我们只有先仔细研究这两种能量的大小，才能倒推宇宙膨胀前的情景。根据目前已知的、最可靠的星系质量的数据，各个互相远离的星系具有的动能是其重力势能的好几倍。因此，我们大概可以下结论，宇宙会无限地膨胀下去，而不会被万有引力再拉回来。但是，有关宇宙的数据都不是很准确，将来的研究成果很可能会把这个结论完全颠覆。

不过，即使宇宙真的会停止膨胀，回过头来开始收缩，那同样将是一个长达几十亿年的过程。所以说诗歌里预言的"星星开始坠落"、我们在坍缩星系的重压下粉身碎骨的景象，暂时还不会发生。

这种让宇宙的各个部分高速分离的爆炸力强劲的物质到底是什么？如果我告诉你问题的答案，你可能会失望：实际上，很有可能从来没有发生过这种爆炸。宇宙膨胀的原因是，它从曾经广阔无垠的规模收缩成紧密的状态，之后又出现了反弹，就好像一个物体被压缩后会有非常巨大的弹力。

　　如果你进入乒乓球室，看到一个乒乓球从地板上弹跳到空中，你会不假思索地说，在你进入这个房间之前，这个乒乓球肯定是从某处落到地板上，受到弹力的作用再次跳起来。

　　现在，我们可以发挥想象力，想象在宇宙的压缩阶段，一切事物的进行是不是都和现在进行的顺序相反。

　　如果是在80亿或100亿年前，你会把这本书从最后一页读到第一页吗？那个时候的人是否可以从嘴里拽出一只炸鸡，让它在厨房里复活后再送到养鸡场？在那里，它能否从一只鸡成长到一只小鸡，然后回到蛋壳里，再经过几周后变成一颗新鲜的鸡蛋？这个想法非常有意思。不过，我们不能用单纯的科学观点来解释这个问题，因为在这种情况下，宇宙内部有极大的压力，这种压力会把全部的物质都压缩成一种均匀的核液体，这样就把之前的那些痕迹全部抹掉了。